高等教育"十三五"规划教材

AutoCAD 2017 实用教程

季阳萍　李慧平　尹保健 编

U0228564

化学工业出版社

·北京·

《AutoCAD 2017 实用教程》由基础训练篇和项目式训练篇组成。基础训练篇介绍了 AutoCAD 2017 的界面组成及个性界面的设置问题，对常用的绘图命令及编辑命令进行了介绍。项目式训练篇以案例分析、任务驱动的方式介绍了面域、块、文字、表格、零件图、装配图、图纸输出的具体应用技巧。

全书最大的特色是讲述了模型和布局空间出图的异同，并以案例分析的形式展示了布局空间出图的优势，分析总结了模型空间出图及布局空间出图在标注样式和顺序上的不同。

本书不仅适合从事计算机辅助设计的科技人员阅读，也可作为应用型本科院校及高职高专机械类及近机电类专业的教材。

图书在版编目（CIP）数据

AutoCAD 2017 实用教程 / 季阳萍，李慧平，尹保健编. —北京：化学工业出版社，2019.5

ISBN 978-7-122-33996-6

Ⅰ．①A…　Ⅱ．①季…　②李…　③尹…　Ⅲ．①AutoCAD 软件-教材　Ⅳ．①TP391.72

中国版本图书馆 CIP 数据核字（2019）第 038016 号

责任编辑：旷英姿　　　　　　　　　文字编辑：陈　喆
责任校对：宋　玮　　　　　　　　　装帧设计：王晓宇

出版发行：化学工业出版社（北京市东城区青年湖南街 13 号　邮政编码 100011）
印　　装：三河市延风印装有限公司
787mm×1092mm　1/16　印张 15　字数 336 千字　2019 年 6 月北京第 1 版第 1 次印刷

购书咨询：010-64518888　　售后服务：010-64518899
网　　址：http://www.cip.com.cn
凡购买本书，如有缺损质量问题，本社销售中心负责调换。

定　　价：45.00 元

AutoCAD 是美国 Autodesk 公司于 1982 年研发的计算机辅助绘图与设计软件，经过多年的升级改进，现已成为国际上广为流行的设计软件。AutoCAD 是一款目前应用最广泛的工程制图软件，可用于二维绘图、三维设计，具有良好的操作界面，通过交互菜单或命令行方式便可进行各种操作。

AutoCAD 2017 是 Autodesk 公司推出的最新版本，在原有版本的基础上新增和改进了众多的绘图工具，有着最新的外观、更快的绘图速度、更高的精度，更便于个性的发挥。其新的"工作空间"按钮代替了原来的"工作空间"工具栏，提供了更多的功能，其占空间更小，信息中心提供了更灵活的帮助搜索。

随着 CAD/CAM/CAE 技术的不断进步升级，AutoCAD 软件的应用已成为广大工程技术人员的必备技能，是从事产品设计和工艺分析的基础。本书的几位编者都是长期从事"机械制图""计算机辅助设计"教学的高校教师，积累了多年的教学经验，总结了商丘学院校级精品课程"计算机辅助设计 CAD"最新理论成果，从读者的认知规律出发，着意由浅入深，循序渐进。在图例的选择上，尽量选用工程实践典型图例。全书由基础训练篇和项目式训练篇组成。基础训练篇介绍了 AutoCAD 2017 的界面组成及个性界面的设置问题，对常用的绘图命令及编辑命令进行了介绍。项目式训练篇以案例分析、任务驱动的方式介绍了面域、块的应用、文字、表格、零件图、装配图、图纸输出的具体应用技巧。书中无论是对该软件相关概念及使用方法的介绍，还是对软件应用技巧的见解，都融会了编者多年的教学经验，归纳起来有以下几个特点。

（1）把机械制图的基本规范与计算机辅助设计 CAD 的设计实践结合起来，有力地推动了标准化工作，为企业的规范化管理与国际交流提供了强有力的技术支持。

（2）书中"注意""提示""说明"都是向读者推荐的有益的经验和技巧，便于边学边用，学用结合。

（3）全书案例丰富，项目式训练过程翔实，且每章之后都有上机练习题，内容涵盖了本章学习过程中的重点和难点，以及一些绘图技巧。读者完成这些练习，既有助于加深对该章中命令、方法的理解，也有益于提高设计绘图操作的技巧和速度。

（4）全书讲述了模型和布局空间出图的异同，并以案例分析的形式展示了布局空间出图的优势，分析总结了模型空间出图及布局空间出图在标注样式和顺序上的不同。规范翔实的打印技巧为科技论文的清晰插图提供了技术支持，为科技人员发表论文、申请专利提供了技术支持。为方便教学，本书配有电子课件。

本书由季阳萍、李慧平、尹保健编写。具体分工如下：李慧平编写基础训练篇，尹保健编写项目式训练篇，季阳萍编写全书的思考与练习并负责全书的审核、修改及统稿工作。

由于时间仓促，加上编者水平有限，书中难免存在不足之处，恳请读者批评并指正。

编　者

2019 年 1 月

CONTENTS 目 录

上篇 基础训练篇

第4章 ▶ 二维图形的编辑

下篇 项目式训练篇

第 5 章 ▶ 面域的应用

第 6 章 ▶ 文字与标注

第 7 章 ▶ 块的应用

参考文献

上篇

基础训练篇

第1章 ▷▷▷▷ ▶▶▶

AutoCAD 2017 的基础知识

CAD（Computer Aided Design）是指利用计算机的计算功能和高效的图形处理能力，对产品进行辅助设计分析、修改和优化。AutoCAD 是美国 Autodesk 公司开发的通用计算机绘图与设计软件，可广泛应用于需要设计绘图的所有领域。AutoCAD 从 1982 年 1.0 版问世以来，经过 30 多年的版本升级，已成为一个功能完善的计算机设计绘图软件，因为具有易于掌握、使用方便等特点，因而深受广大工程技术人员的青睐。

1.1 AutoCAD 2017 新增功能

AutoCAD 2017 是 Autodesk 公司新近推出的最新版本，在原有版本的基础上新增和改进了众多绘图工具，使其性能大幅提高，功能更加强大。主要新增功能如下。

（1）平滑移植　移植现在更易于管理。新的移植界面将 AutoCAD 自定义设置组织为用户可以从中生成移植摘要报告的组和类别。

（2）PDF 支持　可以将几何图形、填充、光栅图像和 TrueType 文字从 PDF 文件输入到当前图形中。PDF 数据可以来自当前图形中附着的 PDF，也可以来自指定的任何 PDF 文件。数据精度受限于 PDF 文件的精度和支持的对象类型的精度。某些特性（例如 PDF 比例、图层、线宽和颜色）可以保留。由于 SHX 文本不支持 PDF，添加额外的工具将 PDF 几何转换为多行文本，并将多行文字对象合并。

（3）主命令：PDFIMPORT　共享设计视图。可以将设计视图发布到 Autodesk A360 内的安全、匿名位置。可以通过向指定的人员转发生成的链接来共享设计视图，而无需发布 DWG 文件本身。支持的任何 Web 浏览器提供对这些视图的访问，并且不会要求收件人具有 Autodesk A360 账户或安装任何其他软件。支持的浏览器包括 Chrome、Firefox 和支持 WebGL 三维图形的其他浏览器。

（4）主命令：ONLINEDESIGNSHARE　关联的中心标记和中心线。可以创建与圆弧和圆关联的中心标记，以及与选定的直线和多段线线段关联的中心线。出于兼容性考虑，此新功能并不会替换用户当前的方法，只是作为替代方法提供。

（5）主命令：CENTERMARK、CENTERLINE　协调模型：对象捕捉支持。可以使用标准二维端点和中心对象捕捉在附着的协调模型上指定精确位置。此功能仅适用于 64 位 AutoCAD。

（6）主系统变量：CMOSNAP　用户界面，已添加了几种便利条件来改善用户体验。

可调整多个对话框的大小：APPLOAD、ATTEDIT、DWGPROPS、EATTEDIT、INSERT、LAYERSTATE、PAGESETUP 和 VBALOAD。

在多个用于附着文件以及保存和打开图形的对话框中扩展了预览区域。

可以启用新的 LTGAPSELECTION 系统变量来选择非连续线型间隙中的对象，就像它们已设置为连续线型一样。

可以使用 CURSORTYPE 系统变量选择是在绘图区域中使用 AutoCAD 十字光标，还是使用 Windows 箭头光标。

可以在"选项"对话框的"显示"选项卡中指定基本工具提示的延迟计时。

可以轻松地将三维模型从 AutoCAD 发送到 Autodesk Print Studio，以便为三维打印自动执行最终准备。Print Studio 支持包括 Ember、Autodesk 的高精度、高品质（25 微米表面处理）制造解决方案。此功能仅适用于 64 位 AutoCAD。

对于产品更新，一个橙色的圆点会自动显示在新的色带按钮、对话框选项和调色板设置。可以控制从帮助下拉菜单或 HIGHLIGHTNEW 命令该选项。

（7）性能增强功能　已针对渲染视觉样式（尤其是内含大量包含边和镶嵌面的小块的模型）改进了 3DORBIT 的性能和可靠性。

二维平移和缩放操作的性能已得到改进。

线型的视觉质量已得到改进。

通过跳过对内含大量线段的多段线的几何图形中心（GCEN）计算，从而改进了对象捕捉的性能。

（8）AutoCAD 安全　位于操作系统的 UAC 保护下的 Program Files 文件夹树中的任何文件现在受信任。此信任的表示方式为在受信任的路径 UI 中显示隐式受信任路径并以灰色显示它们。

（9）其他更改　可以为新"图案填充"和"填充"将 HPLAYER 系统变量设置为不存在的图层。在创建了下一个"图案填充"或"填充"后，就会创建该图层。

现在，所有标注命令都可以使用 DIMLAYER 系统变量。

TEXTEDIT 命令现在会自动重复。

已从"快速选择"和"清理"对话框中删除了不必要的工具提示。

新的单位设置（即美制测量英尺）已添加到 UNITS 命令中的插入比例列表。

1.2　AutoCAD 2017 的工作界面

启动 AutoCAD 2017 工作界面的方法有三种。

（1）开机后，双击操作系统桌面上的 AutoCAD 2017 快捷图标 。

（2）单击"开始"按钮，将光标依次指向菜单"程序"→"Autodesk"→"AutoCAD 2017"命令即可。

（3）双击已经存盘的任意一个 AutoCAD 2017 图形文件（.dwg 文件）。

用上述任一种方法打开 AutoCAD 2017 的工作界面，该工作空间由菜单浏览器、标题栏、菜单栏、功能区、绘图窗口、十字光标、视图方位显示（Viewcube）、导航栏、命令行窗口和状态栏等主要部分组成，如图 1-1 所示。

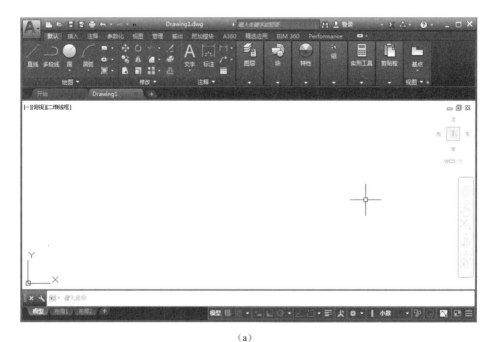

（a）

（b）

图 1-1　AutoCAD 2017 的工作界面（默认）

1.2.1　菜单浏览器

　　菜单浏览器在 AutoCAD 2017 工作空间的左上角，内容、作用如同以前相关版本中的菜单栏，单击如图 1-2 所示应用程序图标，会自动展开如图 1-3 所示菜单选项，可以用来搜索命令和管理图形，如新建、打开、保存、打印和输出等操作。

图 1-2　菜单浏览器

图 1-3　"菜单浏览器"中菜单选项

1.2.2　标题栏

　　标题栏位置在 AutoCAD 2017 工作空间的顶部，如图 1-4 所示，主要用于说明当前程序和图形文件的状态，主要包括程序图标、"快速访问"工具栏、工作空间模式、图形文件的文件名称和窗口控制按钮等，如图 1-4 所示。

图 1-4　标题栏

　　（1）"快速访问"工具栏　显示常用文件管理工具（依次为新建、打开、保存、打印、放弃、重做、工作空间的设置），单击按钮 ▼ 可对"快速访问"工具栏进行自定义以包含要使用的工具，如调入"工作空间""特性""特性匹配"工具，如图 1-5 和图 1-6 所示。

图 1-5　"快速访问"工具栏

　　（2）工作空间模式　在"快速访问"工具栏上勾选工作空间，为满足不同用户的需要，AutoCAD 2017 提供了"草图与注释""三维基础""三维建模"3 种工作空间模式，单击"工作空间"下拉按钮，在弹出的"工作空间"下拉列表中选择需要的工作空间，即可进行切换，如图 1-7 所示。

图 1-6 "快速访问"工具栏　　　　图 1-7 工作空间模式

①"草图与注释"工作空间　默认状态下，启动的工作空间即"草图与注释"工作空间。该工作空间的功能区提供了大量的绘图、修改、图层、注释以及块等工具。

②"三维基础"工作空间　在"三维基础"工作空间中可以方便地绘制基础三维图形，并且可以通过其中的"修改"面板对图形进行快速修改。

③"三维建模"工作空间　在"三维建模"工作空间的功能区提供了大量的三维建模和编辑工具，可以方便地绘制出图形，也可以对三维图形进行修改、编辑等操作。

（3）文件名称　图形文件名称用于表示当前图形文件的名称，如图 1-1 所示 Drawing1 为当前图形文件的名称，"*.dwg"表示文件的扩展名。

提示：未命名的图形文件均以"Drawing N.dwg"（N 为数字）为默认。

（4）窗口控制按钮　标题栏右侧为窗口控制按钮，依次是窗口最小化 ▬、还原（或最大化）▢ 以及关闭窗口 ✕。单击"最小化"按钮，可以将程序窗口最小化；单击"最大化/还原"按钮可以将程序窗口充满整个屏幕或以窗口方式显示；单击"关闭"按钮可以关闭 AutoCAD 2017 程序。

1.2.3　菜单栏

在"快速访问"选项上勾选"显示菜单栏"，菜单栏是主菜单，如图 1-8 所示。大部分命令都集中编排在菜单栏里，采用级联菜单的方式，单击某一项，会弹出相应的下拉菜单，包括"文件""编辑"等操作，与以前版本内容是一致的。

| 文件(F) | 编辑(E) | 视图(V) | 插入(I) | 格式(O) | 工具(T) | 绘图(D) | 标注(N) | 修改(M) | 参数(P) | 窗口(W) | 帮助(H) |

图 1-8　菜单栏

1.2.4　功能区

默认情况下，AutoCAD 2017 的功能区按选项卡和面板的形式组织命令和工具，如图 1-9 所示，主要包括"默认""插入""注释""参数化""视图""管理""输出"等 11 个选项卡，每个选项卡里包含若干个面板，涉及了该软件的大部分命令。如："默认"选项卡的"绘图"面板包含用于创建对象的工具，如直线、圆等。每一个图标都形象地代表一个命令，用户只需单击图标按钮，即可执行相应的命令。

图 1-9　功能区

对于不经常用到的选项卡，在功能区右键，选择"显示选项卡"，如图 1-10 所示，可以进行调整。

（1）"默认"选项卡中所涉及的命令如图 1-11 所示。与 AutoCAD 以前的版本相比，把"绘图""修改""图层""注释""块""特性"，"组""实用程序"这些图标集中在了一起，更适合用户根据绘图需要调用其中任一命令，去实现各种操作的快捷执行方式。

图 1-10　选项卡快捷菜单

"默认"选项卡有如下功能区面板。其作用如下。

① 可以调用常用绘图工具按钮。

② 可以调用常用修改（编辑）工具按钮。

③ 使用图层控制对象的可见性以及指定特性，例如颜色和线型。图层上的对象通常采用该图层的特性，然而，用户可以替代对象的任何图层特性；将图形中的图层放置另存为命名图层状态，然后便可以恢复、编辑、输入和输出命名图层状态以在其他图形中使用；将选定对象的图层置为当前图层；将选定对象的图层更改为与目标图层相匹配；放弃对图层设置的上一个或上一组更改；隐藏或锁定除选定对象的图层之外的所有图层；恢复使用取消隔离命令隐藏或锁定的所有图层；冻结选定对象的图层；关闭选定对象的图层。

④ 用单行、多行文字进行注释。

⑤ 从选定对象创建块定义。

⑥ 将选定对象的特性应用到其他对象；显示选定对象的特性数据；选择颜色；选择线型。

⑦ 显示图形范围；将选定对象复制到剪贴板；插入剪贴板中的数据；根据过滤条件创建选择集；选择解冻图层上的所有对象；将选择对象移动到剪贴板并将其从图形中删除；从当前视图中移动视图等。

⑧ 编组提供以组为单位操作多个对象的简单方法。默认情况下，选择编组中任意一个对象即选中了该编组中的所有对象，并可以像处理单个对象那样移动、复制、旋转和修改编组。

图 1-11　"默认"选项卡

（2）"插入" 选项卡中所涉及的命令如图 1-12 所示。在绘制各种图样的过程中，常常会遇到重复使用一些专业符号或形状特点相同的图形对象，例如：机械制图中的表面粗糙度、各种标准件、基准符号及标题栏等。

图 1-12　"插入" 选项卡

"插入"选项卡有 6 个功能区面板，简介如下。

① 在此选项卡中可以完成向当前图形插入块及图形；从选定对象创建块定义；在块编辑器中打开块定义。

② 创建用于块中存储数据的属性定义；编辑单个属性；编辑块参照中的属性；编辑块中每个属性的值；文字选项和特性；管理选定的块定义的属性；使用指定块定义中的新属性和更改后的属性更新块参照。

③ 将外部参照附着到当前图形；将新的.dwf 附着到当前图形；将新的.dgf 附着到当前图形；将新的图像附着到当前图形；显示或隐藏外部参照窗口；选择要进行在位编辑的块或外部参照。

④ 输入各种格式的文件。

⑤ 插入当字段值变化时可以自动更新的文字字符串。

⑥ 显示数据链接管理器；从源下载；上传到源；从块上将属性提取到单独的文件中。

（3）"注释"选项卡中所涉及的命令如图 1-13 所示。除了绘制图形，还有一些文字注释工作，例如注写技术要求，填写标题栏、明细表，标注尺寸等。使用文字注释可以将一些用几何图形难以表达的信息表示出来，文字注释是对工程图形非常必要的补充。此外，还可以在图形中绘制一些复杂、专业的表格。

图 1-13　"注释" 选项卡

"注释"选项卡中有 6 个功能区面板，如图 1-13 所示，简介如下。

① 文字　可以将若干文字段落创建为单个多行文字对象。使用内容编辑器，可以格式化文字外观、列和边界；选择文字样式，可以指定当前文字样式以指定所有新文字的外

观。文字样式包括字体、字号、倾斜角度、方向和其他文字特征；可以使用单行文字创建一行或多行文字，其中，每行文字都是独立的对象，可对其进行重定位，调整格式或进行其他修改；打开多行文字编辑器，编辑选定的多行文字对象；调整文字的高度。

②　标注　使用水平、竖直或旋转的尺寸线创建线性标注；选择标注样式；创建和修改标注样式，用户可以创建标注样式，以快捷指定标注的格式，并确保标注符合标准；在标注或延伸线占其他对象交叉处折断或恢复标注和延伸线可以将折断标注添加到线性标注、角度标注和坐标标注等；调整线性标注或角度标注的间距（尺寸线的间距相等）；还可以使用间距值"0"来对齐线性标注或角度标注；从选定对象中快捷创建一组标注；创建从上一个或选定标注的第二条延伸线开始的线性、角度或坐标标注（连续标注，自动排列尺寸线）；

添加或删除与选定标注关联的检验信息；可以将标注系统变量保存或恢复到选定的标注样式。

③　引线　创建多重引线对象（通常包括箭头、水平基线、引线或曲线和多行文字对象或块）；选择多重引线样式；创建和修改多重引线样式；添加引线；删除引线；为多重引线的选择提供对齐选项；将选定的多重引线合并至附着到单引线的组中。

④　表格　创建空的表格对象。还可以将表格连接至 Microsoft Excel 电子表格中的数据；选择表格样式；创建、修改或指定表格样式；显示数据连接管理器；从源下载（将数据更新至已建立的外部数据链接或从已建立的外部数据链接更新数据）；上传到源（更新图形中的链接表中已更改的外部数据链接中的数据）；提取数据（从块上将属性提取到单独的文件中）。

⑤　标记　创建区域覆盖对象（使用区域覆盖对象可以在现有对象上生成一个空白区域，用于添加注释或详细的屏蔽信息。此区域由区域覆盖世界进行绑定，可以打开此区域进行编辑，也可以关闭此区域进行打印）；使用多段线创建修订云线（可以通过拖动光标创建新的修订云线，也可以将闭合对象转换为修订云线，使用修订云线亮显要查看的图形部分）。

⑥　注释缩放　将当前注释比例添加到注释性对象；比例列表；添加/删除比例（显示"对象比例"对话框）；同步多比例位置。

（4）"参数化"　选项卡中所涉及的命令如图 1-14 所示。几何约束和标注约束，这些约束的图标都在功能区"参数化"选项卡中。"参数化"选项卡有 3 个功能区面板，包括几何约束、尺寸约束和对参数进行管理。一般情况下，先使用几何约束确定图形的形状，再使用标注约束，确定图形的尺寸。约束可以设置成可见，也可以设置成不可见。具体内容如下。

图 1-14　"参数化"　选项卡

①　几何　用来确定二维几何对象之间或对象上的每个点之间的关系，可从视觉上确定与任意几何约束关联的对象，也可以确定与任意对象关联的约束。它控制的是对象彼此之间的关系，比如重合、共线、同心、固定、平行、水平、相切、平滑、垂直、共线、相等、对称等。

②　标注约束　又称尺寸约束，使几何对象之间或对象上的点之间保持指定的距离和角度。将标注约束应用于对象时，会自动创建一个约束变量，以保存约束值。它控制的是对象的具体尺寸，比如距离、长度、半径值等。

③　参数化管理　用户在创建标注约束之后，可以通过参数管理器进行编辑和管理。

（5）"视图"选项卡中所涉及的命令如图 1-15 所示。在软件中凡是和显示有关的命令，都可以在此激活。为了便于绘图操作，AutoCAD 还提供了一些控制图形显示的命令，一般这些命令只能改变图形在屏幕上的显示方式，可以按操作者所期望的位置、比例和范围进行显示，以便于观察，但还会使图形产生实质性的改变，既不改变图形的实际尺寸，也不影响实体之间的相互关系。

图 1-15　"视图"选项卡

"视图"选项卡有 5 个功能区面板，简介如下。

①　UCS　将 UCS 设置为世界坐标系；管理已定义的用户坐标系；移动原点来定义新的 UCS；建立新的坐标系，使其 XY 平面平行于屏幕；绕 X 轴、Y 轴、Z 轴旋转当前 UCS；基于选定对象定义新坐标系。

②　模型视口　选择视口配置；显示命名视口的布局选项；用指定的名称打开新视口；用指定的点创建不规则形状的视口；将对象旋转为图纸空间的视口；剪裁视口对象；将两个相邻视口合并为一个大视口。

③　选项板　显示或隐藏工具选项板窗口；控制现有对象的特性；显示或隐藏"图纸集管理器"窗口；显示或隐藏命令行窗口；显示或隐藏计算器；显示标记的详细信息，并允许用户改变其状态；显示或隐藏外部参照窗口；管理图层和图层特性；管理和插入块，外部参照和填充图案等内容。

④　窗口　功能区菜单按钮。打开图形；水平平铺；垂直平铺；层叠；排列图标。

⑤　窗口元素　功能区菜单按钮。状态栏选项；显示隐藏图形状态栏；窗口锁定；打开文本窗口。

（6）"管理"选项卡包含 4 个功能区面板，如图 1-16 所示。简介如下。

①　动作录制器　可以完成录制创建动作宏，用户可以通过录制大多数已经熟悉的命令来创建动作宏，可以播放、回放动作宏；可以指定在录制或互访动作宏时"动作录制器"面板的行为，或指定是否在停止录制时提示用户输入动作宏的名称。

图 1-16　"管理" 选项卡

② 自定义设置　编辑自定义界面，显示、创建、重命名和删除工具面板，输入自定义设置与自定义界面，输出自定义设置和自定义界面。

③ 应用程序　加载和卸载应用程序，定义要在启动时加载的应用程序，运行脚本，执行脚本文件中的命令序列。

④ CAD 标准　转换图层的特性和名称，检查当前图形是否符合其 CAD 标准，为当前图形配置 CAD 标准。

（7）"输出" 选项卡中所涉及的命令如图 1-17 所示。完成了设计绘图后，接下来需要进行打印输出。在 AutoCAD 中有两个工作空间，分别是模型空间和图纸空间。通常，在模型空间按 1：1 进行绘图；为了与其他设计人员交流，进行产品生产加工，或者工程施工，需要输出图纸，这就需要在图纸空间进行排版，即规划图纸的位置与大小，将不同比例的视图安排在一张图纸上并对它们标注尺寸，给图纸加上图框、标题栏、文字注释等内容，然后打印输出。可以说，模型空间是我们的设计空间，而图纸空间便于进行图纸的合理布局。

图 1-17　"输出"选项卡

"输出"选项卡有 2 个功能区面板，简介如下。

① 打印　将图形打印到绘图仪、打印机或文件；模拟图形的打印效果；指定每个新布局的布局页面、打印设备、图纸尺寸和设备；显示关于完成的打印和发布作业的信息；显示绘图仪器管理器，可从其中启动"添加绘图仪"向导和绘图仪配置编辑器；提供对"添加打印样式表"向导和打印样式表编辑器的访问。

② 输出 DWF/PDF　创建图形和相关文件的 DWG、DWF 或 PDF 格式，根据图纸的基本情况在图纸上设置单独的页面设置进行替代；在当前图纸空间或模型空间选择输出的内容，保存相应格式的文件。

1.2.5　绘图窗口

绘图窗口类似于手工绘图时的图纸，是用户使用 AutoCAD 2017 绘图并显示编辑所绘图形的区域。可以根据自己的需要，合理安排绘图的区域，随时打开或关闭某些窗口。

（1）光标　在绘图区域中移动鼠标会看到一个十字光标在移动，这时为图形光标。十字线的交点为光标的当前位置。光标在拾取编辑对象时显示为拾取框"□"，选择菜单项和工具按钮时又显示为箭头。

（2）坐标系图标　坐标系图标通常位于绘图窗口的左下角，表示当前绘图使用的坐标系的形式以及坐标方向等。

AutoCAD 2017 提供了两种坐标系，即世界坐标系（WCS）和用户坐标系（UCS）。世界坐标系为默认坐标系，是固定的，且默认时水平向右为 X 轴的正方向，垂直向上为 Y 轴的正方向，当前的两坐标系是重合的，如图 1-18 所示。

1.2.6　ViewCube

ViewCube（视图方位显示）是用户在二维模型空间或三维视觉样式中处理图形时显示的导航工具。通过 ViewCube，用户可以在标准视图和等轴测视图间切换，如图 1-19 所示。

图 1-18　坐标系图标　　　　图 1-19　ViewCube

ViewCube 是持续存在的可单击和可拖动的界面。显示 ViewCube 时，它将显示在模型上绘图区域的一个角上，且处于非活动状态。ViewCube 工具将在视图更改时提供有关模型当前视点的直观反映，当光标放置在 ViewCube 工具上时，它将变为活动状态。用户可以拖动或单击 ViewCube、切换至可用预设视图之一、滚动当前视图或更改为模型的主视图。

1.2.7　导航栏

导航栏是一种用户界面元素，用户可以从中访问通用导航工具和特定于产品的导航工具。

通用导航工具是指那些可在多种 Autodesk 产品中找到的工具。产品特定的导航工具为该产品所特有。导航栏在当前绘图区域的一个边上方沿该边浮动，如图 1-20 所示。

图 1-20　导航栏

通过单击导航栏上的按钮之一，或选择在单击分割按钮的较小部分时显示的列表中的某个工具，可以启动导航工具。

导航栏中提供以下通用导航工具：

（1）ViewCube　指示模型的当前方向，并用于重定向模型的当前视图。

（2）SteeringWheels　提供在专用导航工具之间快速切换的控制盘集合。

（3）ShowMotion　用户界面元素，可提供用于创建和回放以便进行设计查看、演示和书签样式导航的屏幕显示。

（4）3Dconnexion　一组导航工具，用于通过 3Dconnexion 三维鼠标重新确定模型当前视图的方向。

导航栏中提供以下特定于产品的导航工具：

（1）平移　平行于屏幕移动视图。

（2）"缩放"工具　一组导航工具，用于增大或缩小模型的当前视图的比例。

（3）动态观察工具　用于旋转模型当前视图的导航工具集。

链接到 ViewCube 工具时，导航栏位于 ViewCube 之上或之下，并且方向为竖直。当没有链接到 ViewCube 时，导航栏可以沿绘图区域的一条边自由对齐。

注意：导航栏必须断开与 ViewCube 的链接才能独立放置。

1.2.8　命令行窗口

位置在绘图窗口的下方，如图 1-21 所示。此窗口是 AutoCAD 显示用户输入的命令以及提示信息的地方。默认时，AutoCAD 2017 在命令窗口保留最后 3 行所执行的命令或提示信息。用户可以通过拖动窗口边框的方式改变命令窗口的大小，即把光标移到命令行上边框处，光标变为箭头后，按住左键拖动即可。

图 1-21　命令行窗口

命令行窗口的字体可通过"工具"→"选项"→"窗口元素"→"字体"去改变，如图 1-22 所示。

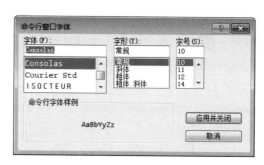

图 1-22　命令行窗口的字体

1.2.9　状态栏

位置在 AutoCAD 2017 工作空间的最底部，用于显示或设置当前的绘图状态，如图 1-23 所示。状态栏左边是"模型"和"布局"选项卡；右边包括多个经常使用的控制按钮，如捕捉、栅格、正交等，这些按钮均属于开/关型按钮，即单击该按钮一次则启用该功能，再单击一次则关闭该功能。

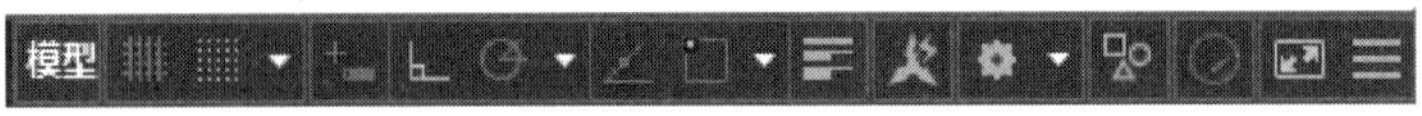

图 1-23　状态栏

注意：默认情况下，不会显示所有工具，可以通过状态栏上最右侧的按钮，选择要从"自定义"菜单显示的工具。状态栏上显示的工具可能会发生变化，具体取决于当前的工作空间以及当前显示的是"模型"选项卡还是"布局"选项卡。

其余的三段按钮，左段的 9 个按钮为绘图的辅助工具。

状态栏中二维绘图常用的主要工具按钮作用如下。

（1）模型　单击该按钮，可以控制绘图空间的转换。当前图形处于模型空间时单击该按钮就可切换至图纸空间。

（2）显示图形栅格　单击该按钮可以打开或关闭栅格显示功能，打开栅格显示功能后，将在屏幕上显示出均匀的栅格点。

（3）捕捉模式　单击该按钮可以打开捕捉功能，光标只能在设置的"捕捉间距"上进行移动。

（4）动态输入　使用动态输入功能可以在工具栏提示中输入坐标值，而不必在命令行中进行输入。光标旁边显示的工具栏提示信息将随着光标的移动而动态更新。当某个命令处于活动状态时，可以在工具栏提示中输入值。动态输入不会取代命令窗口。有两种动态输入：指针输入，用于输入坐标值；标注输入，用于输入距离和角度。

（5）正交限制光标　单击该按钮，可以打开或关闭"正交"功能。打开"正交"功能后，光标只能在水平以及垂直方向上进行移动，方便地绘制水平以及垂直线条。

（6）极轴追踪　单击该按钮可以启动"极轴追踪"功能。绘制图形时，移动光标可以捕捉设置的极轴角度上的追踪线，从而绘制具有一定角度的线条，也可自定义追踪角度。

（7）对象捕捉　单击该按钮可以启动"对象捕捉"功能，在绘图过程中可以自动捕捉图形的中点、端点、垂点等特征点。单击下拉按钮即可对对象捕捉模式进行设置。

（8）对象捕捉追踪（F11）　单击状态栏上的该按钮，可以启动"对象捕捉追踪"功能。打开此功能后，当自动捕捉到图形中某个特征点时，再以这个点为基准点沿正交或极轴方向捕捉其追踪线，如图 1-24 所示。

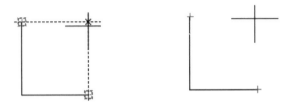

图 1-24　"对象捕捉追踪"功能

（9）自定义　状态栏上所有工具并非常用，可以通过最右侧的按钮"自定义"菜单对显示的工具进行调整。其中钩选标记的选项表示该工具按钮已经在状态栏中打开，如图 1-25 所示。选择菜单中未选中的选项，可以将对应的工具按钮在状态栏中打开。

注意：一般绘图时，状态栏常打开的有"动态输入""极轴追踪""对象捕捉追踪""线宽"等按钮，即可满足绘图需要。

图 1-25　自定义工具栏

AutoCAD 是比较复杂的应用程序，工具栏涉及的内容很多，用户不可能将所有的工具栏都显示在界面上，这样即使整个屏幕布满也显示不完，因此需要根据现阶段的使用需要打开工具栏。工具栏分为固定和浮动工具栏，每个工具栏由多个按钮组成。固定和浮动工具栏通过拖动进行改变，当浮动工具栏移动到已有的固定工具栏处，会自动调整为固定工具栏，同样，固定工具栏进行移动，也可成为浮动工具栏。通过"工具"→"工具栏"→"AutoCAD"调入工具栏，尺寸标注工具栏如图 1-26 所示，对象捕捉工具栏如图 1-27 所示。

图 1-26　尺寸标注工具栏

图 1-27　对象捕捉工具栏

在绘图环境中打开或关闭某一工具栏的具体方法是：选择菜单"视图"→"工具栏"命令，AutoCAD 弹出"自定义用户界面"对话框，如图 1-28 所示。通过该对话框中"工具栏"选项卡内的"工具栏"列表框，通过勾选或不选可打开或关闭某工具栏。

1.2.10　切换经典界面

使用高版本的老用户习惯了低版本软件的经典绘图空间，随着软件的更新升级和优化，2017、2016、2015 版本已经取消了经典绘图空间，初次使用新版本的用户可能不适应界面的变化。

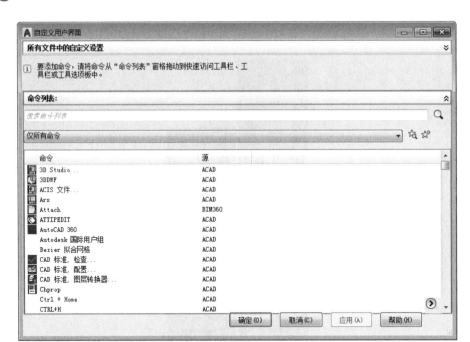

图 1-28　自定义用户界面

　　绘图时，用户根据需要，可以把 AutoCAD 2017 的默认空间向 AutoCAD 2017 的经典空间进行转换，具体方法如下。

　　（1）打开 AutoCAD 2017 默认界面，如图 1-29 所示。

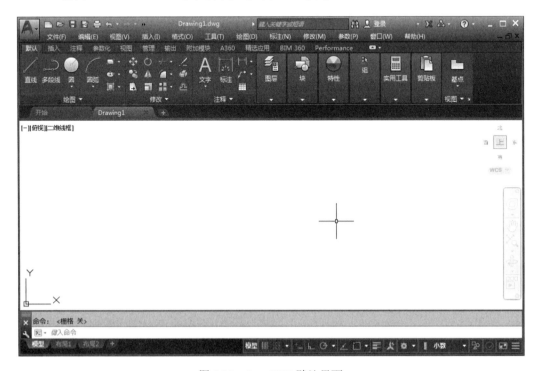

图 1-29　AutoCAD 默认界面

（2）单击标题栏下三角，选择"显示菜单栏"，如图 1-30 所示。

图 1-30　显示菜单栏

（3）打开工具菜单→"选项板"，选择功能区，将功能区关闭，如图 1-31 所示。

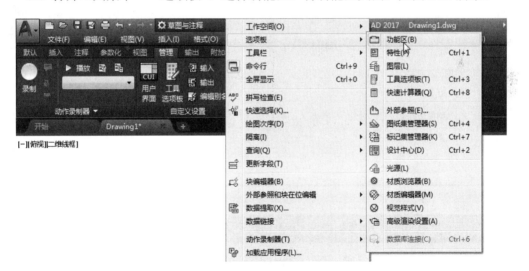

图 1-31　功能区关闭方法

（4）打开工具菜单→"工具栏"→AutoCAD，把标准、样式、图层、特性、绘图、修改工具栏依次勾选上，如图 1-32 所示。

（5）鼠标拖动工具栏的位置，调整为"经典界面"模式，将当前工作空间保存为"AutoCAD 二维经典"，如图 1-33 所示。

图 1-32　调整工具栏

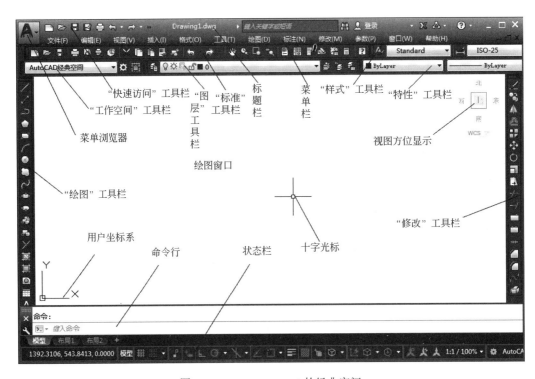

图 1-33　AutoCAD 2017 的经典空间

1.2.11　自定义 AutoCAD 2017 工作界面

　　AutoCAD 2017 中文版的工作界面是可以自定义的，用户完全可以根据自己的需要来设置相关的界面元素，比如设置绘图区域的背景色、设置光标的大小等，下面用实际案例来介绍一下自定义工作界面的方法。首先来修改绘图区域的背景色。系统默认的背景色是深灰色，现在将其修改为纯白色。

（1）在命令行中输入"Options"（选项）命令，或者在 AutoCAD 2017 中文版菜单栏选择"工具"→"选项"命令，系统便会弹出如图所示的"选项"对话框。单击"显示"选项卡，切换到"显示"选项面板，然后单击"颜色"按钮，如图 1-34 所示。

图 1-34　"选项"对话框

（2）单击"颜色"按钮后系统会弹出"颜色选项"对话框，在该对话框中设置绘图区域（也就是模型空间）的颜色为白色，也可以设置布局窗口和其他一些界面元素的颜色，如图 1-35 所示，设置好之后单击"应用并关闭"按钮。

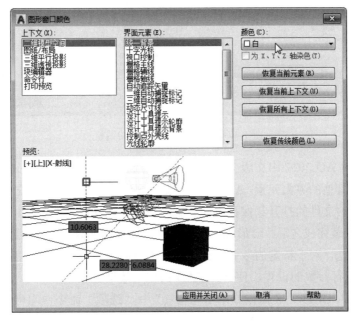

图 1-35　"图形窗口颜色"对话框

（3）单击"字体"按钮，系统会弹出如图 1-36 所示的"命令行窗口字体"对话框，顾名思义就是用于设置命令行窗口的字体格式。

图 1-36 "命令行窗口字体"对话框

（4）拖动"十字光标大小"滑块，可以设置十字光标的大小，用户可根据自己的喜好来设置光标的显示大小，如图 1-37 所示。

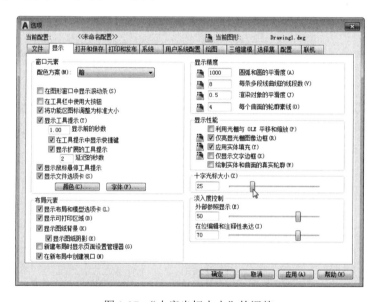

图 1-37 "十字光标大小"的调整

自定义 AutoCAD 2017 中文版工作界面主要是通过"选项"对话框来实现的，用户可以自己尝试修改其他的界面元素。AutoCAD 通过"选项"对话框进行系统运行参数的设置，例如屏幕的显示、文件的打开和保存方式、文件资源、选择对象的方式、打印配置等。

AutoCAD 安装完成之后，会形成一套默认的运行条件参数设置。多数情况下，这些设置是合适的。但是，对于特定的专业设计用户，不可能完全合适，这就需要用户对自己的 AutoCAD 进行运行参数的设置，使 AutoCAD 的使用效果更好。

在命令行输入 OPTIONS 命令或单击"工具"→"选项"命令，均可弹出如图 1-38 所示的"选项"对话框。在该对话框就可以进行系统运行参数的设置。"选项"对话框中主要有"文件""显示""打开和保存""打印和发布""系统""用户系统配置""绘图""三维建模""选择集"和"配置"等选项卡，下面分别介绍它们的功能。

图 1-38　"选项"对话框

1.2.12　相关设置

（1）"文件"选项卡　"文件"选项卡用于确定 AutoCAD 在搜索支持文件、驱动程序文件、菜单文件和其他文件时的路径以及用户定义的一些设置，所对应的对话框如图 1-38 所示。

"文件"选项卡中"搜索路径、文件名和文件位置"列表框中的部分选项以及右边各个按钮的含义如下。

① 支持文件搜索路径　AutoCAD 安装之后会自动将有关的支持文件路径加入其中。在专业设计的要求下，用户应将自己的支持文件按 AutoCAD 的规则存放在相关的路径下。以便使系统以最简短的路径找到有关的文件。AutoCAD 的支持文件包括文字字体文件、菜单文件、插入模块、待插入图形、线型文件和用于填充的图案文件等。

② 有效的支持文件搜索路径　设置 AutoCAD 搜索系统特有支持文件的活动文件夹。该项的下拉列表是只读的，它显示"支持文件搜索路径"中在当前目录结构和网络映射中存在的有效目录。

③ 设备驱动程序文件搜索路径　设置 AutoCAD 搜索定点设备(例如鼠标、数字化仪)、打印机和绘图仪等设备的驱动程序的文件夹。

④ 帮助和其他文件名　设置 AutoCAD 查找主菜单文件、帮助文件、默认 Internet 网址、配置文件和许可服务器的文件夹。

⑤ 文本编辑器、词典和字体文件名　设置 AutoCAD 使用的文本编辑器、主词典、自定义词典、替换字体文件和字体映射文件所在的文件夹。

⑥ 打印文件、后台打印程序和前导部分名称　设置 AutoCAD 打印图形时使用的文件。

⑦ 打印机支持文件路径　设置打印机支持文件的搜索路径。

⑧ 自动保存文件位置　设置自动保存文件时保存的位置，包括驱动器和文件夹。

⑨ 数据源位置　设置数据源文件的路径。该设置的修改必须在退出 AutoCAD 后，重新启动才能生效。

⑩ 样板图形文件位置　设置系统启动对话框和"今日"对话框中所用样板图形文件的路径。

⑪ 日志文件　设置日志文件（AutoCAD 保存文本窗口内容）的文件名和路径。此值保存在注册表中，也可以用 LOGFILENAME 系统变量来指定。

⑫ 临时图形文件位置　设置临时图形文件的路径。如果为空，将使用 Windows 系统临时目录。

⑬ 临时外部参照文件位置　设置临时外部参照文件的路径。如果为空，将使用临时图形文件位置。此值保存在注册表中，也可以用 XLOADPATH 系统变量指定。

⑭ 纹理贴图搜索路径　设置 AutoCAD 搜索渲染纹理贴图的文件夹。

在图 1-38 所示的对话框的右侧是几个控制按钮，可以对左侧各项进行浏览、添加、删除和移动等处理，但"有效的支持文件搜索路径"项除外。

（2）"显示"选项卡　"显示"选项卡用于设置 AutoCAD 工作界面的外观显示形式，其对话框如图 1-39 所示。

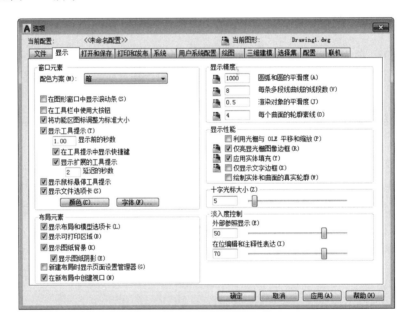

图 1-39　"选项"对话框的"显示"选项卡

"显示"选项卡中的各个选项区域的含义如下。

① 窗口元素　"窗口元素"选项区域设置 AutoCAD 绘图环境中基本元素的显示方式。

a."在图形窗口中显示滚动条"复选框　用于设置是否显示绘图区的滚动条。

b."颜色"按钮　控制 AutoCAD 一些区域的背景颜色。单击该按钮，将弹出如图 1-40 所示的"图形窗口颜色"对话框。可利用此对话框设置 AutoCAD 工作界面各部分颜色：从"界面元素"下拉列表框中选择要设置的元素，然后从"颜色"下拉列表框中选择一种颜色即可。

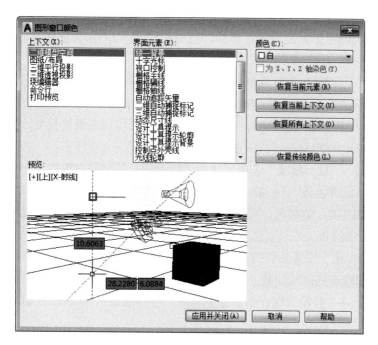

图 1-40 "图形窗口颜色"对话框

c. "字体"按钮 控制命令行窗口中的字体样式。单击该按钮，AutoCAD 弹出图 1-41 所示的"命令行窗口字体"对话框。可利用该对话框设置命令行窗口中的字体样式，包括字体、字形和字号。

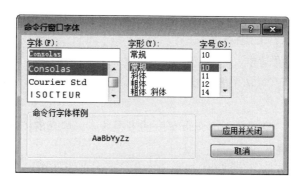

图 1-41 "命令行窗口字体"对话框

② 布局元素 该选项区域用来设置布局各显示元素。所谓布局是指图纸空间环境，该环境可用来设置图形的打印格式。

a. "显示布局和模型选项卡"复选框 用来确定是否在绘图区域的底部显示布局和模型选项按钮。

b. "显示可打印区域"复选框 用来确定是否在布局中显示页边距，选中该复选框，页边距将以虚线形式显示，打印图形时，超出页边距的图形对象将被剪裁掉或忽略掉。

c. "显示图纸背景"复选框 用来确定是否在布局中显示表示图纸的背景轮廓，实际图纸的大小和打印比例决定该背景轮廓的大小。

d. "显示图纸阴影"复选框　用来确定是否在布局中的图纸背景轮廓外显示阴影。

e. "新建布局时显示页面设置管理器"复选框　用来设置在新创建布局时是否显示"页面设置"对话框。

"在新布局中创建视口"复选框：用来设置在创建新布局时是否创建视口。

③ 十字光标大小　该选项区域用来设置光标在绘图区内时十字线的长度，可以在左边的文本输入框中直接输入长度值，也可以拖动右边的滑块来调整长度。此外，用户还可以用系统变量 CUR-SORSIZE 设置它的大小。

④ 显示精度　"显示精度"选项区域用来控制用户绘制的对象的显示效果。

a. 圆弧和圆的平滑度　控制圆、圆弧、椭圆、椭圆弧的平滑度，有效取值范围是 1～20000，默认值为 100。值越大，对象越光滑，但 AutoCAD 重新生成、显示缩放、显示移动时需要的时间也越长。该设置保存在图形中，不同的图形的平滑度可以不一样。此外也可以用 VIEWRES 命令设置圆和圆弧的平滑度。

b. 每条多段线曲线的线段数　设置每条多段线曲线的线段，有效取值范围是 –32768～32767，默认值是 8。此设置保存在图形中，用户可以通过系统变量 SPLINESEGS 确定每条多段线曲线的线段数。

c. 渲染对象的平滑度　设置渲染实体对象时的平滑度，有效取值范围是 0.01～10，默认值是 0.5。此设置保存在图形中，用户也可以通过系统变量 FACETRES 设置它。

d. 每个曲面的轮廓素线　设置对象上每个曲面的轮廓素线数目，有效取值范围是 0～2047，默认值是 4。此设置保存在图形中，用户也可以通过系统变量 ISOLINES 设置它。

⑤ 显示性能　"显示性能"选项区域设置影响 AutoCAD 性能的显示。

a. 利用光栅与 OLE 平移和缩放　控制实时平移和缩放时光栅图像的显示，也可以通过系统变量 RTDISPLAY 来设置。

b. 仅亮显光栅图像边框　控制选择光栅图像时的显示形式，选中该复选框，则当用户选择光栅图像时，仅亮显光栅图像的边框而看不到图像内容，也可以通过系统变量 IMAGEHLT 来设置。

c. 应用实体填充　控制是否填充带宽度的多段线、已填充的图案等对象，用系统变量 FILLMODE 也可以实现此设置。

d. 仅显示文字边框　控制是否仅显示标注文字的边框，也可以使用系统变量 QTEXTMODE 来设置。

（3）"打开和保存"选项卡　"打开和保存"选项卡控制与打开和保存图形文件有关操作的选择项，其对话框如图 1-42 所示。对话框中的各个主要选项的含义如下。

① 文件保存　"文件保存"选项区域设置与保存 AutoCAD 图形文件有关的项目。用户可以确定当使用 SAVE 或 SAVEAS 命令保存图形文件时的文件版本格式；设置是否在保存图形文件时同时保存 BMP 预览图像；设置图形文件中新添加数据与原始数据的百分比，当达到指定的百分比时，将自动执行一次完全保存，也可用 ISAVEPERCENT 系统变量设置。

图 1-42 "选项"对话框的"打开和保存"选项卡（1）

② 文件安全措施 "文件安全措施"选项区域各项主要是为了保证当前图形文件的安全而设置的参数。用户可以确定 AutoCAD 是否自动保存图形以及自动保存的时间间隔；此外，还可以设置当保存图形文件时是否创建该图形的备份（与图形同名的 BAK 文件）；设置每次将对象读入图形时是否进行循环冗余检验；设置是否将文本窗口中的内容写入日志文件中，日志文件的位置和名称在"文件"选项卡中设置；为当前用户指定唯一的扩展名来标识网络环境中的临时文件。

应该养成好的习惯，把自己所绘制的图形进行定时保存，用户可以自己设置相关的参数，方法如下：在 AutoCAD 2017 工作空间中单击"菜单浏览器"按钮，然后执行"工具"→"选项"菜单命令，图形保存的位置可以在"文件"选项卡中指定；在"选项"对话框中选择"打开和保存"选项卡，在该选项卡中即可对"打开和保存"图形文件安全措施的相关参数进行设置，如图 1-43 所示。

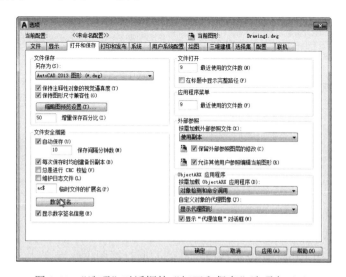

图 1-43 "选项"对话框的"打开和保存"选项卡（2）

在 AutoCAD 2017 中，用户在保存文件时可以使用数字签名保护功能，对文件进行保存。单击图 1-43 所示"数字签名"按钮，系统将弹出对话框，如图 1-44 所示。

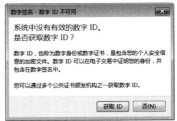

③ 文件打开　"文件打开"选项区域设置在"文件"下拉菜单底部，列出最近打开过的图形文件的数目，以及是否在 AutoCAD 窗口顶部的标题后显示当前图形文件的完整路径。

④ 外部参照　该选项区域内有控制与编辑、加载外部参照有关的一些设置。用户可以确定是否按需加载（所谓按

图 1-44　"安全选项"对话框

需加载，就是按照引用者的实际需要）外部参照文件；是否保留外部参照图层的修改；是否允许其他用户参照编辑当前图形等。

⑤ ObjectARX 应用程序　该选项区域内有控制与 ObjectARX 应用程序有关的一些设置。用户可以确定是否以及何时按需加载第三方应用程序；控制图形中定制对象的显示；确定当打开含有定制对象的图形时是否显示出"代理信息"对话框。

（4）"打印和发布"选项卡　"打印和发布"选项卡用来控制图形打印的有关设置，其对话框如图 1-45 所示。对话框中的各个主要选项的含义如下。

① 新图形的默认打印设置　控制新图形或在 AutoCAD R14 或更早版本中创建的没有用 AutoCAD 2000 或更高版本格式保存的图形的默认打印设置。

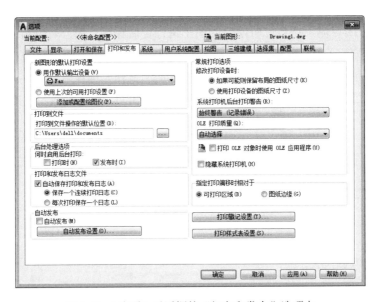

图 1-45　"选项"对话框的"打印和发布"选项卡

a．用作默认输出设备　设置新图形和在 AutoCAD R14 或更早版本中创建的没有用 AutoCAD 2000 或更高版本格式保存的图形的默认输出设备。

此列表显示从打印机配置搜索路径中找到的所有绘图仪配置文件（PC3）以及系统中配置的所有系统打印机。

b．使用上一可用打印设置　设置与上一次成功打印的设置相匹配的打印设置。

②　打印到文件　为打印到文件操作指定默认位置。

③　后台处理选项　可以使用后台打印启动要打印或发布的作业，然后立即返回从事绘图工作，系统将在用户工作的同时打印或发布作业（BACKGROUNDPLOT 系统变量）。也可以通过"打印和发布"状态栏图标快捷菜单获得后台打印和发布详细信息。即使没有运行程序，也可以在 Windows 命令提示下输入 acad/pl <DSD 文件名> 来后台打印或后台发布作业（在 AutoCAD LT 中不可用）。

何时启用后台打印：

a．打印时：指定在后台处理打印作业。此设置还受 BACKGROUNDPLOT 系统变量的影响。

b．发布时：指定在后台处理发布作业。此设置还受 BACKGROUNDPLOT 系统变量的影响。

注意：如果脚本（SCR 文件）中使用了-PLOT、PLOT、-PUBLISH 和 PUBLISH，则 BACKGROUNDPLOT 系统变量的值将被忽略，并将在前景中处理-PLOT、PLOT、-PUBLISH 和 PUBLISH。

④　打印和发布日志文件　控制用于将打印和发布日志文件另存为逗号分隔值（CSV）文件（可以在电子表格程序中查看）的选项。要查看或更改日志文件的位置，请参见"选项"对话框中的"文件"选项卡。

日志文件包含关于打印和发布作业的信息，例如：作业 ID、作业名称、图纸集名称、类别名、开始和完成的日期和时间、图纸名、完整的文件路径、选定的布局名、页面设置名、已命名的页面设置路径、设备名、图纸尺寸名、最终状态、自动保存打印和发布日志、指定自动保存包含打印和发布作业信息的日志文件。

a．保存一个连续打印日志：指定自动保存包含打印和发布作业信息的一个日志文件。

b．每次打印保存一个日志：指定为每个打印和发布作业创建一个单独的日志文件；指定图形是自动发布为 DWF、DWFx 还是 PDF 文件。还可以控制用于自动发布的选项。

⑤　自动发布　选中此选项后，图形将在保存或关闭图形文件时自动发布为 DWF、DWFx 或 PDF 文件（AUTOMATICPUB、AUTODWFPUBLISH 系统变量）。

自动发布设置：显示"自动发布设置"选项卡，从中可以自定义发布设置，包括何时发布以及存储发布文件的位置。

⑥　常规打印选项　如果可能则保留布局的图纸尺寸，只要所选输出设备支持"页面设置"对话框中指定的图纸尺寸，就使用该图纸尺寸（PAPERUPDATE 系统变量=0）。

如果选定输出设备无法打印到此图纸尺寸，程序将显示警告信息，并使用在绘图仪配置文件（PC3）或默认系统设置中指定的图纸尺寸（如果输出设备为系统打印机）。

使用打印设备的图纸尺寸：如果输出设备是系统打印机，请使用在绘图仪配置文件（PC3）或默认系统设置中指定的图纸尺寸（PAPERUPDATE 系统变量= 1）。

a.系统打印机后台打印警告　控制在发生输入或输出端口冲突而导致通过系统打印机后台打印图形时是否发出警告。

始终警告（记录错误）：通过系统打印机在后台打印图形时，警告用户并始终记录错误。

　　仅在第一次警告（记录错误）：通过系统打印机在后台打印图形时，警告用户一次并始终记录错误。

　　不警告（记录第一个错误）：通过系统打印机在后台打印图形时，不警告用户并只记录第一个错误。

　　不警告（不记录错误）：通过系统打印机在后台打印图形时，既不警告用户也不记录错误。

　　OLE 打印质量：为 OLE 对象设置默认打印质量（OLEQUALITY 系统变量）。

　　打印 OLE 对象时使用 OLE 应用程序：控制打印时是否加载嵌入 OLE 对象的源应用程序（OLESTARTUP 系统变量）。

　　b. 隐藏系统打印机　控制是否在"打印"和"页面设置"对话框中显示 Windows 系统打印机。该选项仅隐藏标准的 Windows 系统打印机，而不隐藏使用"添加打印机"向导配置的 Windows 系统打印机。

　　通过从 Plotters 文件夹及其子文件夹中移走设备的 PC3 文件，可以控制"打印"和"页面设置"对话框中设备列表的尺寸。

　　⑦ 指定打印偏移时相对于（PLOTOFFSET 系统变量）

　　a. 可打印区域　指定打印偏移相对于可打印区域。

　　b. 图纸边缘　指定打印偏移相对于图纸边。

　　c. 打印戳记设置　打开"打印戳记"对话框。

　　d. 打印样式表设置　打开"打印样式表设置"对话框。

　　（5）"系统"选项卡　"系统"选项卡用来确定 AutoCAD 的一些系统设置，相应的对话框如图 1-46 所示。该对话框中各个主要选项的含义如下。

图 1-46　"选项"对话框的"系统"选项卡

　　① 硬件加速　控制与图形显示系统的配置相关的设置。设置及其名称会随着产品而

变化。

a．图形性能　显示图形性能调节对话框。

b．自动检查证书更新　允许 AutoCAD 自动检查认证硬件列表中的更新。

② 当前定点设备　控制与定点设备相关的选项。

a．当前系统定点设备　显示可用的定点设备驱动程序的列表。

b．Wintab 兼容数字化仪　将 Wintab 兼容数字化仪置为当前。

c．接受来自以下设备的输入　确定程序是接受来自鼠标和数字化仪的输入，还是在设置数字化仪后忽略鼠标输入。

③ 触摸体验　显示触摸模式功能区面板。显示一个面板，该面板带有一个可以取消触摸板操作（例如缩放和平移）的按钮（TOUCHMODE 系统变量）。

④ 布局重生成选项　指定模型选项卡和布局选项卡中的显示列表的更新方式（在 AutoCAD LT 中不可用）。

对于每个选项卡，更新显示列表的方法可以是切换到该选项卡时重生成图形，也可以是切换到该选项卡时将显示列表保存到内存并只重生成修改的对象。修改这些设置可以提高性能（LAYOUTREGENCTL 系统变量）。

a．切换布局时重生成　每次切换选项卡都会重生成图形。

缓存模型选项卡和上一个布局：对于当前的模型选项卡和当前的上一个布局选项卡，将显示列表保存到内存，并且在两个选项卡之间切换时禁止重生成。

对于所有其他的布局选项卡，切换到它们时仍然进行重生成。

b．缓存模型选项卡和所有布局　第一次切换到每个选项卡时重生成图形。对于绘图任务中的其余选项卡，显示列表保存到内存，切换到这些选项卡时禁止重生成。

⑤ 常规选项　隐藏消息设置：控制是否显示先前隐藏的消息及是否显示"隐藏消息设置"对话框。

a．显示"OLE 文字大小"对话框　将 OLE 对象插入图形时，显示"OLE 文字大小"对话框。

b．用户输入内容出错时进行声音提示　检测到无效输入时，音响提示。

c．允许长符号名　为存储在定义表中的命名对象名称（例如线型和图层）设置参数（EXTNAMES 系统变量）。

⑥ 帮助　控制帮助中的信息是来自联机源还是本地源。联机版本为最新。

访问联机内容（如果可用）：指定是从 Autodesk 网站还是从本地安装的文件中访问信息。

当使用联机帮助时，可以访问最新的帮助信息和其他联机资源。

⑦ 信息中心　气泡式通知：控制应用程序窗口右上角的气泡式通知的内容、频率和持续时间。

⑧ 安全性　安全选项：提供用于控制如何加载包含可执行代码的文件的选项（在 AutoCAD LT 中不可用或不需要）。

⑨ 数据库连接选项　控制与数据库连接信息相关的选项（在 AutoCAD LT 中不可用）。

a．在图形文件中保存链接索引　此选项可以在链接选择操作期间提高性能。不选择此选项可以减小图形文件大小，并且提高打开具有数据库信息的图形的速度。

b．以只读模式打开表格　指定是否在图形文件中以只读模式打开数据库表。

（6）"用户系统配置"选项卡　"用户系统配置"选项卡用来优化 AutoCAD 的工作方式，其相应的对话框如图 1-47 所示。对话框中各个主要选项的含义如下。

图 1-47　"选项"对话框的"用户系统配置"选项卡

① Windows 标准操作　该选项区域设置使用 AutoCAD 绘图时是否采用 Windows 标准。

a．双击进行编辑　设置是否采用鼠标双击进行编辑。

b．绘图区域中使用快捷菜单　设置在绘图区域内单击鼠标右键时，AutoCAD 是弹出快捷菜单，还是执行回车操作。

c．自定义右键单击　单击"自定义右键单击"按钮，AutoCAD 弹出如图 1-48 所示的"自定义右键单击"对话框，用户可通过此对话框确定单击鼠标右键的功能（系统分为默认模式、编辑模式和命令模式）。此外，也可以通过系统变量 SHORTCUTMENU 来定义单击鼠标右键的功能。

② 插入比例　设置通过 AutoCAD 设计中心插入对象时，源对象和目标图形之间的单位关系。

a．源内容单位　设置用 AutoCAD 设计中心将对象插入到当前图形中时要插入对象自动使用的单位。

b．目标图形单位　设置用 AutoCAD 设计中心将对象插入时，当前图形自动使用的单位。

③ 超链接　设置是否显示超链接光标和快捷菜单、是否显示超链接工具栏提示。

控制字段显示时是否带有灰色背景（FIELDDISPLAY 系统变量）：清除此选项时，字段将以与文字相同的背景显示"字段更新设置"对话框（FIELDEVAL 系统变量）。

④ 坐标数据输入的优先级　设置 AutoCAD 响应坐标数据的输入的顺序。用户可以对"执行对象捕捉""键盘输入""除脚本外的键盘输入"3 种坐标数据输入进行优先级排列。

⑤ 关联标注　设置标注对象与图形对象是否相互关联。

⑥ 块编辑器设置　显示"块编辑器设置"对话框。使用此对话框控制块编辑器的环境设置。

⑦ 线宽设置　显示"线宽设置"对话框（图 1-49）。使用此对话框可以设置线宽选项（例如显示特性和默认选项），还可以设置当前线宽。

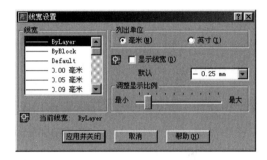

图 1-48　"自定义右键单击"对话框　　　　图 1-49　"线宽设置"对话框

⑧ 默认比例列表　显示"默认比例列表"对话框，使用此对话框可以管理与布局视口和打印相关联的若干对话框中所显示的默认比例列表。可以删除所有自定义比例，并恢复默认比例列表。

（7）"绘图"选项卡　"绘图"选项卡用来进行对象自动捕捉、自动追踪等功能的设置，还包括自动捕捉标记（矩形框）和靶框的大小设置，其相应的对话框如图 1-50 所示。对话框中各个主要选项的含义如下。

① 自动捕捉设置　该选项区域用于设置自动捕捉的方式。

a."标记"复选框　用来设置在自动捕捉到特征点时是否显示特征标记框，该标记框的颜色由"自动捕捉标记颜色"下拉列表框来设置。

b."磁吸"复选框　用来设置当自动捕捉到特征点时是否像磁铁一样把光标吸到特征点上。

c."显示自动捕捉工具提示"复选框　用于设置在自动捕捉到特征点时是否显示"对象捕捉"工具栏上相应按钮的提示文字。

图 1-50　"选项"对话框的"绘图"选项卡

d．"显示自动捕捉靶框"复选框　用于设置是否捕捉靶框，该框是一个比捕捉标记大 2 倍的矩形框。

② AutoTrack 设置　该选项区域用于设置自动追踪的方式。

a．"显示极轴追踪矢量"复选框　适用于设置是否显示极轴追踪的矢量数据。

b．"显示全屏追踪矢量"复选框　用于设置是否显示全屏追踪的矢量数据。

c．"显示自动追踪工具提示"复选框　用于设置在追踪特征点时是否显示工具栏上的相应按钮的提示文字。

③ 自动捕捉标记大小　该项用于设置自动捕捉到特征点时显示的标记大小，可以通过拖动滑块来设置。

④ 靶框大小　该项用于设置自动捕捉靶框的标记大小，可以通过拖动滑块来设置。

（8）"三维建模"选项卡　该选项卡主要设定在三维中使用实体和曲面的选项，界面如图 1-51 所示，具体内容如下。

① 三维十字光标　控制三维操作中十字光标指针的显示样式的设置。

a．在十字光标中显示 Z 轴　控制十字光标指针是否显示 Z 轴。

b．在标准十字光标中加入轴标签　控制轴标签是否与十字光标指针一起显示。

c．显示动态 UCS 的标签　即使在"在标准十字光标中加入轴标签"框中关闭了轴标签，仍将在动态 UCS 的十字光标指针上显示轴标签。

d．十字光标标签　选择要与十字光标指针一起显示的标签。

e．使用 X, Y, Z　加入 X 轴、Y 轴和 Z 轴标签。

f．使用自定义标签　加入带有指定字符的轴标签。

② 在视口中显示工具　控制 ViewCube、UCS 图标和视口控件的显示。

a．显示 ViewCube　控制 ViewCube 的显示。

图 1-51　"选项"对话框的"三维建模"选项卡

b．显示 UCS 图标　控制 UCS 图标的显示。

c．显示视口控件　控制位于每个视口左上角的视口工具、视图和视觉样式的视口控件菜单的显示。

③ 三维对象　控制三维实体、曲面和网格的显示的设置。

a.创建三维对象时要使用的视觉样式　设置在创建三维实体、网格图元以及拉伸实体、曲面和网格时显示的视觉样式（DRAGVS 系统变量）。

b．创建三维对象时的删除控制　控制保留还是删除用于创建其他对象的几何图形（DELOBJ 系统变量）。

④ 曲面和网格上的素线数　为 PEDIT 命令的"平滑"选项设置在 M 方向的曲面密度以及曲面对象上的 U 素线密度（SURFU 系统变量）。为 PEDIT 命令的"平滑"选项设置在 N 方向的曲面密度以及曲面对象上的 V 素线密度（SURFV 系统变量）。

每个图形的最大点云点数（旧版）：设置可以为所有附着到旧版图形（早于 2015 版）的点云显示的最大点数（POINTCLOUDPOINTMAX 系统变量）。

对于 64 位系统，最大点数为 2500 万。增加限制以提高点云的视觉逼真度；降低限制以提高系统性能。对于 32 位系统（x86），它的最大值为 150 万个点，无法更改此设置。

⑤ 镶嵌　打开"网格镶嵌选项"对话框，从中可以指定要应用于使用 MESHSMOOTH 转换为网格对象的对象的设置。

a．网格图元　打开"网格图元选项"对话框，从中可以指定要应用于新网格图元对象的设置。

b．曲面分析　打开"分析选项"对话框，可以在其中设定斑纹、曲率和拔模分析的选项。

⑥ 三维导航　设定漫游、飞行和动画选项以显示三维模型。

ａ．反转鼠标滚轮缩放　　滚动鼠标中间的滑轮时，切换透明缩放操作的方向（ZOOMWHEEL 系统变量）。

ｂ．漫游和飞行　　显示"漫游和飞行"对话框。

ｃ．动画　　显示"动画设置"对话框。

ｄ．ViewCube　　显示"ViewCube 设置"对话框。

ｅ．SteeringWheels　　显示"SteeringWheel 设置"对话框。

ｆ．动态输入　　控制坐标项的动态输入字段的显示。

ｇ．为指针输入显示 Z 字段　　在使用动态输入时为 Z 坐标显示一个字段。

（9）"选择集"选项卡　　"选择集"选项卡用来进行选择集模式、夹点功能的一些设置，相应的对话框如图 1-52 所示。对话框中各个主要选项的含义如下。

图 1-52　"选项"对话框的"选择集"选项卡

① 选择集模式　该选项区域用于设置构造选择集的模式。

ａ．"先选择后执行"复选框　　用于设置是否可以先选择对象，构造出一个选择集，然后再对选择集进行编辑操作的命令。

ｂ．"用 Shift 键添加到选择集"复选框　　适用于控制怎样向已有的选择集中添加对象。当选中该复选框时，要向已有的选择集中添加对象，就必须同时按下 Shift 键。

ｃ．"按住并拖动"　　适用于控制用鼠标定义选择窗口的方式。当选择"按住并拖动"时，必须按住拾取键并拖动才可以生成一个选择窗口。

ｄ．"对象编组"复选框　　控制是否可以自动按组选择对象。选中该复选框，当选择某个对象组中的一个对象时，将会选中这个对象组中的所有对象。

ｅ．"关联填充"复选框　　控制是否可以从关联性填充中选择编辑对象。选中该复选框，用户就可以只选择一个关联性填充，即能选择该填充的所有对象，包括边界。

② 夹点　该选项区域用于设置是否可以使用夹点编辑功能，是否在块中可以使用点编辑功能，以及夹点的颜色等。

③ 拾取框大小　该项用于设置用默认拾取方式选择对象时拾取框的大小，可以通过拖动滑块来设置。

④ 夹点尺寸　该项用于设置对象夹点标记的大小，可以通过拖动滑块来设置。

（10）"配置"选项卡　"配置"选项卡用于进行新建系统配置、重命名系统配置、删除系统配置等操作，相应的对话框如图 1-53 所示。对话框的各个主要选项含义如下。

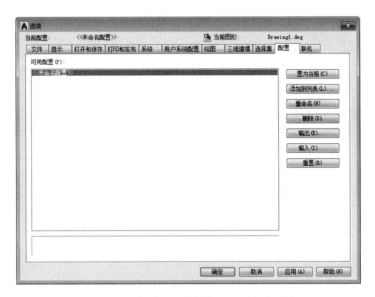

图 1-53　"选项"对话框的"配置"选项卡

① 可用配置　这是一个列表框，列出已命名并保存下来的系统配置，用户可选择某一配置作为当前配置。

② 置为当前　单击该按钮将在"可用配置"列表框内选择的配置设置为当前配置。

③ 添加到列表　将新的系统配置命名保存。单击"添加到列表"按钮，AutoCAD 弹出如图 1-54 所示的"添加配置"对话框。在对话框中的"配置名称"文本框中输入新配置的名称，单击"应用并关闭"按钮，即可实现新系统配置的命名保存。此外，还可以在"说明"文本框中输入新配置的简短说明文字。

④ 重命名　给在"可用配置"列表框内选择的系统配置更名。在"可用配置"列表框内选择了要修改的系统配置后，单击"重命名"按钮，AutoCAD 弹出如图 1-55 所示的"修改配置"对话框，用户可通过该对话框修改系统配置的名称和说明。

图 1-54　"添加配置"对话框　　　　　图 1-55　"修改配置"对话框

⑤ 删除　删除在"可用配置"列表框内选择的系统配置。

⑥ 输出　将指定的系统配置以文件的形式保存，以供其他用户共享该配置。在"可用配置"下拉框内选择了要输出的系统配置后，单击"输出"按钮，AutoCAD 弹出如图 1-56 所示的"输出配置"对话框，用户通过该对话框设置输出的配置文件名和位置。配置文件的扩展名为.arg。

图 1-56　"输出配置"对话框

⑦ 输入　与"输出"按钮功能相反，用于输入一个配置文件。
⑧ 重置　将"可用配置"列表框内选中的系统配置重新设置为系统的默认配置。

1.3　AutoCAD 2017 的文件管理

在 AutoCAD 2017 中，图形文件管理是指：创建新的图形文件、打开已有的图形文件、关闭图形文件、保存图形文件等。

1.3.1　创建新的图形文件

创建新的图形文件是指创建一个新的绘图窗口，以便绘制新图形。主要方法有以下两种。

（1）在 AutoCAD 2017 工作空间中单击"菜单浏览器"按钮，然后执行"文件"→"新建"菜单命令。

（2）在 AutoCAD 2017 工作空间顶部的"快速访问"工具栏中单击"新建"按钮。

采取上述任一种方法输入命令后，都可以打开如图 1-57 所示的"选择样板"对话框，在此对话框中，可以选择任意一种类型的图形样板，默认情况下，图形样板文件存储在 template 文件夹中。在该文件夹中系统已经默认保存了一些与绘图有关的设置，如图层、文字、标题栏、尺寸标注样式等的位置。这样，可以避免重复操作，提高绘图效率，还可以确保绘图比例等一些因素的一致性。

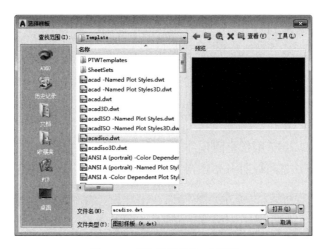

图 1-57 "选择样板"对话框

根据自己的需要，也可以创建新图形，步骤如下。

① 键盘输入 startur，✓（回车），设置其新值为 1，✓（回车）；

② 键盘输入 filedia，新值也设置为 1；

③ 键盘输入 NEW✓，即可打开"选择样板"对话框。

1.3.2 打开图形文件

已经存在的图形文件才能被打开，方法主要有以下两种。

（1）在 AutoCAD 2017 工作空间中单击"菜单浏览器"按钮，然后执行"文件"→"打开"菜单命令。

（2）在 AutoCAD 2017 工作空间顶部的"快速访问"工具栏中单击"打开"按钮。

采用上述任一方法都可以打开"选择文件"对话框，如图 1-58 所示，在该对话框中选中要打开的图形文件即可。AutoCAD 的图形文件格式为图形（.dwg）、标准（.dws）、DXF（.dxf）和图形样板（.dwt）4 种类型。对话框左侧的一列图标按钮称为位置列，用来提示图形打开或存放的位置。双击这些图标，可在该图标指定的位置打开或保存图例。

图 1-58 "选择文件"对话框

1.3.3　保存图形文件

绘制图形时，应注意及时将所绘图形以文件形式保存，以免计算机故障、突然断电等其他意外导致文件丢失。保存图形文件的主要方法有以下两种。

（1）在 AutoCAD 2017 工作空间中单击"菜单浏览器"按钮，然后执行"文件"→"保存"菜单命令。

（2）在 AutoCAD 2017 工作空间顶部的"快速访问"工具栏中单击"保存"。

采用上述任一方法都可以打开"图形另存为"对话框，如图 1-59 所示。

图 1-59　"图形另存为"对话框

各选项功能如下。

① "历史记录"　用来显示最近打开或保存过的图形文件。

② "我的文档"　用来显示"我的文档"中的文件和图形文件。

③ "收藏夹"　用来显示 C:\Windows\Favorytes 目录下的文件夹和图形文件。

④ "FTP"　该类站点是互联网用来传送文件的地方。

⑤ "桌面"　用来显示在桌面上的图形文件。

在"文件名"文本框中输入图形文件名，在"文件类型"下拉列表框中选择图形文件要保存的类型（*.dwg），保存的图形文件包括保存新建文件和已保存过的文件；对新建文件，在此对话框中指定存储路径，单击"保存"按钮即可保存文件。

对于已保存过的文件，采用上述任一方法，都不再弹出"图形另存为"对话框，而是按原文件名保存。

1.3.4　关闭图形文件

完成图形绘制后，关闭图形文件有两种方式。

（1）在 AutoCAD 2017 工作空间中单击"菜单浏览器"按钮，然后执行"文件"→"关闭"菜单命令。

（2）单击绘图窗口右上角的"关闭"按钮。

采用上述操作，系统都会弹出对话框，询问用户是否保存文件。此时，单击"是（Y）"

按钮或直接↙（回车），可以保存当前图形文件将其关闭；单击"否（N）"按钮，可以关闭当前图形文件但不保存；单击"取消"按钮，取消关闭当前图形文件操作，返回编辑状态。如图 1-60 所示。

　　如果当前所编辑的图形文件没有命令，那么单击"是（Y）"按钮后，系统会打开"图形另存为"对话框，要求用户确定图形文件存放的位置和文件名。

图 1-60　保存对话框

1.4　快捷键的使用

　　使用 AutoCAD 软件过程中，每一个操作都需要激活相应的命令才可以执行。常用的方式有三种，见表 1-1。

表 1-1　命令激活方法

方　法	优　点	缺　点
方法 1：菜单栏选择	菜单命令最齐全，能找到所有的 AutoCAD 命令	有的命令多重嵌套，寻找不熟悉的命令比较困难，绘图速度过慢
方法 2：工具栏选择	方便、快捷	某些命令工具栏需要定制，而且不能把所有的工具栏显示在界面上
方法 3：右键菜单选择	根据当前的工作环境，智能提供最近操作和可能需要的操作命令，提高绘图速度	提供的命令数量有限
方法 4：命令行直接输入命令	操作便捷，绘图速度最快	需要对命令进行记忆

　　对初学者来说，通过菜单栏、工具栏的方式单击相应的按钮可以进行绘图、编辑等操作，更加直观，容易入门。高级用户往往更喜欢键盘输入命令，并结合鼠标快捷菜单。为进一步提高绘图速度和质量，推荐读者尝试使用这种方法，利用左手敲键盘命令行输入英文快捷命令，右手握鼠标负责窗口对象选取，同时配合右键快捷菜单，按照提示则可以快速进行操作。表 1-2 给出了鼠标功能键和部分组合键的快捷命令，对绘图等操作命令在后续章节中会详细介绍。

表 1-2　常见的鼠标功能键和部分组合键

Ctrl+N—新建	Ctrl+Y—重做
Ctrl+O—打开	Ctrl+1—特性
Ctrl+S—保存	Ctrl+2—设计中心
Ctrl+X—剪切	Ctrl+3—工具选择板窗口
Ctrl+P—打印	Ctrl+4—图纸集管理器
Ctrl+C—复制	Ctrl+7—标记集管理器
Ctrl+V—粘贴	Ctrl+8—快速计算机
Ctrl+Z—放弃	

1.5　图形显示与控制

　　在绘制图样的过程中，常常遇到图样的大小在屏幕上显示得不合适，这时就需要改变图样的显示大小或比例。不管是平面图样还是立体图样，AutoCAD 2017 都可以轻松自如地控制图样在计算机屏幕上的显示。

　　AutoCAD 中观察一个图形可以有许多方法。掌握好这些方法，将提高绘图的效率。AutoCAD 提供了许多显示命令来改变视图，可以从不同角度观看图形，从而使用户在绘图和读图时非常方便。编辑图形时，如果想查看所作修改的整体效果，那么可以控制图形显示并快速移动到不同的区域。可以通过缩放图形显示来改变大小或通过平移重新定位视图在绘图区域中的位置，还可以保存视图然后在需要打印或查看特定细节时将其还原，也可以将屏幕划分为几个平铺的视口来同时显示几个视图。鸟瞰视图是一个定位工具，它有些类似于图形的缩略图，利用它可放大图形或定位图形区域。

1.5.1　视窗缩放命令 Zoom

　　Zoom 命令可将图形放大或缩小显示，以便观察和绘制图形。该命令并不改变图形的实际位置和尺寸，就如放大镜的变焦镜头，它可对准图形的某一极小部分，也可纵观全部图纸。

　　该命令还具有实时缩放显示功能，从而方便地观察当前视窗中太大或太小的图形，或准确地进行绘制实体、捕捉目标等操作。

　　（1）功能　改变图形在屏幕上的显示范围和缩放比例，以便于观察和精细绘图。

　　（2）格式　命令：Zoom 或 Z。

　　（3）操作过程　调用视窗缩放命令后，AutoCAD 提示：

　　指定窗口角点，输入比例因子（nX 或 nXP），或[全部（A）/中心点（C）/动态（D）/范围（E）/上一个（P）/比例（S）/窗口（W）]<实时>：

　　各选项对应着不同的显示和缩放方法，它们的含义如下。

　　① 全部（A）　选择该选项，AutoCAD 将依照图形界限（Limits）或图形范围（Extents）的尺寸，在绘图区域内显示图形。图形界限与图形范围哪个尺寸大，便由哪个决定图形显示的尺寸，即图形文件中若有图形实体处在图形界限以外的位置，便由图形范围决定显示尺寸，将所有图形实体都显示出来，以便能够观察整个图形。该选项还将引起图形的重新生成（Regeneration）。如果图形文件很大，计算机重新进行计算将花费很长时间，这时应尽量避免使用该选项。

　　在工具栏中单击"全部缩放" 🔍：按当前图形界限显示整个图形，如果图形超过了图形界限范围，则按当前图形的最大范围布满屏幕进行显示。

　　另外，一般情况下，只有不清楚图形范围到底有多大时，才使用"全部"选项使其全部显示在绘图区域中，否则可使用其他命令代替，以免图形重新生成时浪费很长时间。

　　② 中心点（C）　选择该选项，AutoCAD 将以用户输入的点为中心点来显示图形，从而改变显示的范围。AutoCAD 后续提示：

　　指定中心点：确定中心点

　　输入比例或高度<297.0000>：

　　用户可直接用鼠标在屏幕中选择一个点作为新的中心点，确定中心点后，AutoCAD 要求输入放大系数或新视图的高度。

在输入的数值后面如果加一个字母"X"，则此输入值为放大倍数，如果未加字母"X"，则 AutoCAD 将这一数值作为新视图的高度。

③ 动态（D）　该选项可进行动态缩放，它先临时将图形全部显示出来，同时自动构造一个可移动的视图框（该视图框通过切换可以成为可缩放的视图框），用其选择图形的某一部分作为下一屏幕上视图。

在该方式下，屏幕将临时切换到虚拟显示屏状态。此时，屏幕上显示 3 个视图框，如图 1-61 所示。下面分别进行介绍。

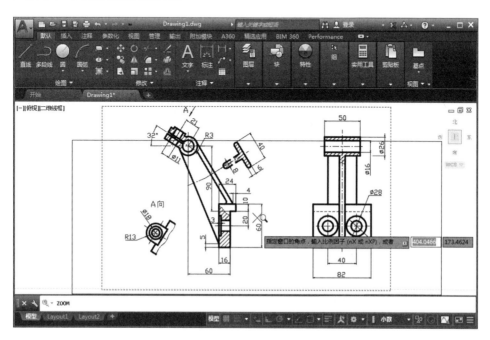

图 1-61　选择"动态"方式的临时显示状态

a. 图形界限或图形范围视图框　这是一个蓝色的虚线方框。该框用于显示图形界限和图形范围中较大的一个。框中的区域和使用"范围（E）"选项时显示的范围相同。

b. 当前视图框　在图中是一个绿色的虚线方框，该框中的区域就是在使用这一选项之前的视图区域。如果当前视图与图形界限或图形范围相同，蓝色虚线方框与绿色的虚线方框重合。

c. 选择视图框　该视图框有两种状态：一种是平移视图框，其大小不能改变，只可任意移动；另一种是缩放视图框，它不能平移，但大小可以调节。可用鼠标左键在两种视图框之间进行切换。平移视图框中有一个×号，它表示下一视图的中心点位置。平移视图框选定合适的区域后，单击鼠标右键，可显示由新视图框的大小和位置所确定的视图。这两种视图框的宽高比都与绘图区的宽高比相同。

④ 范围（E）　在工具栏单击按钮，该选项将所有图形全部显示在屏幕上，并最大限度地充满整个屏幕。这种方式会引起图形重新生成，速度较慢。与"全部（A）"选项不同的是，"范围（E）"用到的只是图形范围而不是图形界限。

⑤ 上一个（P）　Zoom 命令缩放视图后，以前的视图便被 AutoCAD 自动保存起来，

AutoCAD 一般可保存最近的 10 个视图。选择"上一个（P）"选项或单击"恢复缩放"按钮，将返回上一视图，连续选择该选项，将逐步退回，直至前 10 个视图。若在当前视图中删除了某些实体，则"上一个（P）"选项方式返回上一视图后，该视图中不再有这些图形实体。图形显示恢复到执行上一个缩放命令之前的状态，如果之前执行过多次缩放操作，还可以继续单击按钮恢复以前的多次缩放。

⑥ 比例（S）　选择该选项，可根据需要按比例放大或缩小当前视图，且视图的中心保持不变。选择"比例（S）"选项后，AutoCAD 要求用户输入缩放比例倍数。输入倍数的方式有两种：一种是输入数字后加字母 X，表示相对于当前视图的缩放比例倍数；另一种只是输入数字，该数字表示相对于图形界限的倍数。一般来说，相对于当前视图的缩放倍数比较直观，且容易掌握，因此比较常用。

⑦ 窗口（W）　该选项可直接选择下一视图区域。单击标准工具栏或视图-缩放的"窗口缩放"按钮，将鼠标移动到绘图窗口，在需要放大的部位单击，并拖动鼠标，形成矩形缩放窗口，调整该窗口以覆盖需要放大的部分，再次单击左键，该矩形窗口放大至整个窗口。

事实上，用户在启动 Zoom 命令后有三种默认方式：第一种是回车，确认＜实时＞（动态缩放）方式；第二种是在"指定窗口角点，输入比例因子（nX 或 nXP），或[全部（A）/中心点（C）/动态（D）/范围（E）/上一个（P）/比例（S）/窗口（W）]＜实时＞："提示符下用鼠标直接在绘图区窗口选择，从而对所选择的目标部分进行放大；第三种是在提示符下直接输入缩放比例倍数，从而根据需要按比例放大或缩小当前视图。因此，可以说"比例（S）""窗口（W）"方式也是 Zoom 命令下的一种默认方式。

⑧ 实时　直接回车选择这一选项后，屏幕上将出现一个放大镜形状的光标，此时便进入了 Zoom 的动态缩放命令。拖动鼠标，使放大镜在屏幕上移动，便可动态地拖动图形进行视图缩放。动态缩放功能只是 AutoCAD 2017 所提供的实时缩放命令中的功能之一。

在动态缩放状态下，单击鼠标右键，屏幕上会弹出一个"实时缩放"快捷菜单，如图 1-62 所示，下面对快捷菜单中的每一项分别加以介绍。

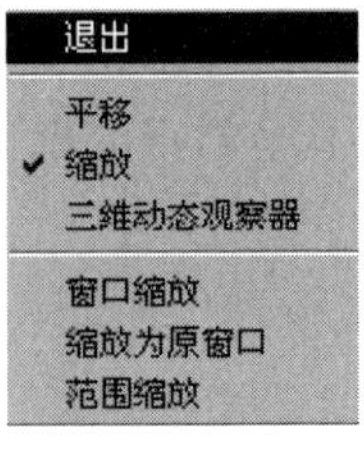

a．"退出"命令　单击此命令，便可直接退出 Zoom 命令。

b．"平移"命令　视图平移。单击该命令，光标将成为手的形状，拖动光标，便可使视图向相同方向平移。屏幕的平移将在后续进行详细介绍。

图 1-62　"实时缩放"快捷菜单

c．"缩放"命令　动态缩放。单击此命令，将重新回到视图动态缩放的状态。

d．"三维动态观察器"命令　单击此命令可对图形实体，在三维空间内进行旋转和缩放。

e．"窗口缩放"命令　窗口缩放功能。该命令与前面讲的"窗口（W）"命令相同，只是光标稍有区别，且选择完两个对角点之后不需回车确认。

f．"缩放为原窗口"命令　回到前一视图。与前面所述的"上一个（P）"选项相同。

g．"范围缩放"命令　图形完全显示。与前面所述的"范围（E）"选项相同。

实时缩放 ：单击标准工具栏或视图-缩放的"实时缩放"按钮，按住左键，鼠标往上移动为放大，此时缩放的中心点是绘图窗口的中心，对于带滚轮的鼠标，可以直接将鼠标放置在绘图窗口，滚动轮向上滑为放大，向下滑为缩小。

另外，使用工具按钮和菜单方式也可以进行视图缩放，只是方式不同，所使用的命令及功能是一致的。在这 3 种方式中，命令行输入和使用工具按钮最为常用，因为它们具有操作简单的优点。

1.5.2　视窗平移命令 Pan

使用 AutoCAD 绘图时，图形文件中的所有图形实体并不一定能全部显示在屏幕内，因为屏幕的大小毕竟是有限的，必然有许多显示在屏幕外而确实存在的实体。如果想查看屏幕外面的图形，可以使用视窗平移（Pan）命令。平移比缩放视窗要快得多，因为它不必进行缩放显示。另外，平移视窗的操作直观形象而且简便，因此，在绘图中会经常用到这个命令。

（1）功能　显示图形中的不同部分而不改变缩放系数，执行速度快。

（2）格式　命令：Pan 或 P。

（3）操作过程　启动 Pan 命令也有三种方式，其中使用菜单操作时会出现几个不同的选项，使用工具栏或直接输入命令则只有一种动态平移（Real Time）方式。下面只对菜单方式进行介绍。

打开"平移（P）"级联菜单，如图 1-63 所示，可以看到其中共有 6 个选项，现分别介绍如下。

① "实时"命令　该方式提供了一种动态平移视图功能，选择该命令后，可以直接用当前光标（手的形状）任意拖动视图，直至满意位置为止。

当用户达到某一边界时，将出现图 1-64 所示的图形提示。左一是达到上边界的提示；左二是达到右边界的提示；右二是达到下边界的提示；右一是达到左边界的提示。

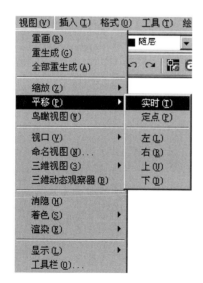

图 1-63　"平移（P）"级联菜单　　　　　图 1-64　边界提示

②"定点"命令　两点平移，该方式允许用户输入两个点，这两个点之间的方向和距离便是视图平移的方向和距离。

③"左、右、上、下"命令　将视图向左、右、上、下分别移动一段距离，即在 X 和 Y 方向上移动视图。

说明：

a．使用"平移（P）"命令前，必须先知道所要查看的图形大体在哪个位置，否则利用该方式将很难找寻。

b．在 AutoCAD 的原始设置界面上，在绘图区的右边和下边各有一个滚动条，移动滚动条中的滑动块，也可以平移视图。

c．在"实时缩放"快捷菜单上也有"平移（P）"命令，选择该命令，同样可以启动"实时平移"命令。

绘图过程中有时需要将图形对象在屏幕上进行位置移动，以便观察、修改，此时常用的命令是实时平移 ，将鼠标移动到绘图窗口，此时鼠标显示为手掌形状，按下左键不放，左右移动鼠标时，图形会跟随移动，此时的移动是图形显示的位置变化，不是物理空间的变化。退出或恢复实时平移的方法与图形缩放状态相同。

1.6　思考与练习

1．简述 AutoCAD 2017 的安装过程。

2．AutoCAD 2017 的工作界面包括哪几部分？它们的主要功能是什么？

3．由 AutoCAD 2017 默认空间进入 AutoCAD 2007 的经典空间怎样进行切换？有几种方法？

4．绘图窗口的背景色默认为"黑色"，如要将它改为"白色"，应如何操作？

5．命令激活方式有哪些？

6．设置十字光标的大小。

7．完成文件保存时间和密码的设置。

8．创建一个图形文件通常有几种方法？

9．如何同时打开多个图形文件？

10．如何实现图形文件的局部打开？

11．快速保存和另存为有何区别？

12．退出 AutoCAD 2017 系统有几种方法？

13．如何设置和启动自动对象捕捉模式？

14．对象捕捉和自动对象捕捉之间有何联系和区别？在应用上各有何特点？

15．如何使用栅格、间隔捕捉、正交辅助绘图工具？

第2章 ▷▷▷▷ ▶▶▶
绘图环境的设置

在使用 AutoCAD 绘图之前，为了提高绘图效率，避免不必要的重复工作，通常要根据绘图需要或国家标准设置绘图环境。本章主要介绍图幅、绘图单位、图层、颜色、线型和线宽的设置，绘图辅助工具的设置以及基本输入操作方法。

2.1 图幅和图形单位的设置

2.1.1 图幅设置

图幅是指绘图区域的大小。绘图区相当于一张空白的纸，用户可以通过绘图命令，在这张纸上绘制图形。由于要绘制的图形大小不同，所以在绘制前需要指定图幅的大小。下面介绍设置图幅的方法有两种，具体操作步骤如下。

（1）命令　Limits。

（2）菜单　"菜单栏"→"格式"→"图形界限"。

执行 Limits 命令后，命令行提示如下。

指定左下角点（开（ON）关（OFF））<0.0000,0.0000>:↙

指定右上角点<420.0000,297.0000>:

输入左下角和右上角的坐标设置绘图界限，系统默认为 A3 幅面。图形界限限制显示栅格点的范围、视图缩放命令的比例选项显示的区域和视图缩放命令的"全部"选项显示的最小区域。图形界限设置完成后，输入 Z，回车，输入 A，再回车，以便将所设图形界限全部显示在屏幕上。

如果在"动态输入"模式下，绘图窗口中也会出现相关提示，可根据提示进行相关操作，完成图幅大小的设置。

2.1.2 图形单位设置

对任何图形而言，总有其大小、精度以及采用的单位。在 AutoCAD 中，屏幕上显示的只是屏幕单位，但屏幕单位应该对应一个真实的单位。不同的单位其显示格式是不同的。同样也可以设定或选择角度类型、精度和方向。设置图形单位的步骤如下。

（1）命令 Units。

（2）菜单 "格式"→"单位"。

执行后，系统打开"图形单位"对话框设置图形的单位值，如图 2-1 所示。

在"长度"选项组中选择单位类型和精度，工程绘图中一般使用"小数"和"0.0000"。

在"角度"选项组中选择单位类型和精度，工程绘图中一般使用"十进制度数"和"0"。

在"用于缩放插入内容的单位"下拉列表框中选择图形单位，系统默认为"mm"。

单击"图形单位"对话框中"方向"按钮，系统打开"方向控制"对话框，如图 2-2 所示，可在其中选择基准角度的起点，系统默认为"东"。

图 2-1　"图形单位"设置对话框　　　　图 2-2　"方向控制"对话框

2.2　绘图辅助工具的设置

在绘制图形的过程中，为了帮助用户更准确、方便地绘图，尽量提高绘图精度，AutoCAD 为用户提供了一些绘图辅助工具，用户可以根据需要随时打开或关闭这些工具，下面针对 AutoCAD 二维绘图中常用的工具进行介绍。

2.2.1　栅格和捕捉

用户在屏幕绘图区域内看见类似于坐标纸一样的可见点阵，这种点阵称为栅格。启用"栅格"命令常用两种方法。

（1）单击状态栏中的"栅格"按钮；

（2）按键盘上的 F7 键。

用右键单击状态栏"栅格"按钮选择"设置"选项或打开"草图设置"对话框，可以设置栅格点间距，并控制它的开、关状态，如图 2-3 所示。

2.2.2　捕捉

捕捉点在屏幕上是不可见的点，若打开捕捉时，用户在屏幕上移动鼠标，十字交点就位于被锁定的捕捉点上。启用"捕捉"命令常用两种方法。

（1）单击状态栏中的"捕捉"按钮；

（2）按键盘上的 F9 键。

图 2-3　"草图设置"对话框中的捕捉与栅格

在 AutoCAD 中，状态栏里提供了栅格捕捉和 PolarSnap 两种样式，可直接选择"捕捉"按钮旁的。

在绘制图样时，可以对捕捉的分辨率进行设置。用右键单击状态栏"捕捉"按钮选择"设置"选项或打开"草图设置"对话框，可以设置捕捉间距，并控制它的开、关状态，如图 2-3 所示。

2.2.3　正交模式

用户在绘图过程中，为了使图线能水平和垂直方向绘制，AutoCAD 特别设置了正交模式。启用"正交"命令常用以下两种方法。

（1）单击状态栏中的"正交"按钮；

（2）按键盘上的 F8 键。

启用"正交"命令后，就意味着用户只能画水平和垂直两个方向的直线。

2.2.4　对象捕捉

在绘制和编辑图形时，经常要从已经画好的图形上拾取如端点、中点、圆心和交点等一些特殊位置点。对象捕捉提供的是一种输入点的方式，它可以捕捉到实体上的特征点，快速而准确地找到所需的点，调入"对象捕捉"工具栏，如图 2-4 所示。根据对象捕捉方式，可以分为临时对象捕捉和自动对象捕捉两种捕捉样式。

图 2-4 "对象捕捉"对话框中的捕捉与栅格

（1）临时对象捕捉方式 在任何命令中，当系统提示输入点时，就可以激活临时对象捕捉模式。临时对象捕捉常用以下两种方法。

① 按住 Shift 或 Ctrl 键在绘图区单击鼠标右键，将弹出右键菜单，从中单击相应捕捉模式，如图 2-5 所示。

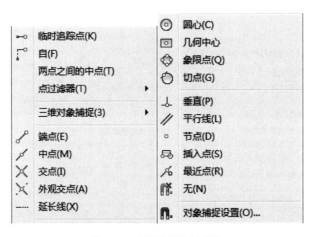

图 2-5 对象捕捉快捷菜单

② 用鼠标右键单击窗口内工具栏，在弹出的光标菜单中选择"对象捕捉"命令，弹出"对象捕捉"工具栏，从中单击相应捕捉模式。

表 2-1 仅重点介绍"临时追踪点"和"捕捉自"在绘图中的操作，其他命令读者可以自学研究。

表 2-1 临时追踪点和捕捉自区别

项目	临时追踪点	捕捉自
定义	创建对象捕捉使用的临时点	获取某个点相对于参照点的偏移
按钮		
快捷命令	TT	From
鼠标操作	执行命令时，顺着追踪线输入距离值追踪，到指定位置追踪标记继续沿追踪线另外一方向追踪即可找到指定点。沿追踪方向上输入距离值（永为正值）	执行命令时，需要单击基点，再输入@x，y（x,y 为指定点相对参照点的坐标值），即可找到指定点。输入相对距离（有正负号）： @x，y

（2）自动对象捕捉方式 使用"自动捕捉"命令时，可以保持捕捉设置，不需要每次绘制图形时重新调用捕捉方式进行设置，这样就可以节省很多时间。启用"自动捕捉"命令常用以下两种方法。

① 单击状态栏中的"对象捕捉"按钮；
② 按键盘上的 F3 键。

AutoCAD 在自动捕捉方式中，提供了比较全面的对象捕捉方式。可以单独选择一种对象捕捉，也可以同时选择多种对象捕捉方式。对自动捕捉进行设置可以通过"草图设置"对话框来完成，如图 2-6 所示。

图 2-6 "草图设置"对话框中的对象捕捉

"草图设置"对话框打开方式如下。

① "工具"→"绘图"→"草图设置"；

② 快捷命令：dsettings 或 ds 或 se；

③ 状态栏"栅格"→"对象捕捉"→"对象追踪"，右键选择"设置"。

2.2.5 自动追踪状态

自动追踪可以用于按指定角度绘制对象，或者绘制其他有特定关系的对象。当自动追踪打开时，屏幕上出现的对齐路径（水平或垂直追踪线）有助于用户精确创建对象。自动追踪包含两种选项：极轴追踪和对象捕捉追踪，用户可以通过状态栏上的极轴和对象追踪按钮打开或关闭该功能。

（1）极轴追踪 启用"极轴追踪"命令有两种方法。

① 单击状态栏中的"极轴"按钮 ；

② 按键盘上的 F10 键。

对"极轴追踪"的角度可以通过按钮 旁的 进行选择，也可以通过"草图设置"对话框来完成，如图 2-7 所示。

（2）对象捕捉追踪

① 单击状态栏中的"对象追踪"按钮 ；

② 按键盘上的 F11 键。

使用"对象捕捉追踪"时，必须打开"对象捕捉"和"极轴模式"开关。"对象捕捉追踪"的设置也可以通过"草图设置"对话框来完成，如图 2-7 所示。

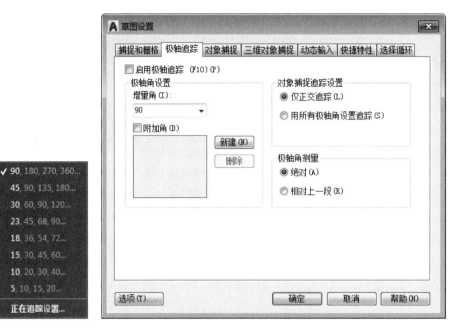

图 2-7　"草图设置"对话框中的极轴追踪

"动态输入" ![] 模式下，光标附近会出现一个提示，以帮助用户绘图。在"草图设置"对话框中，单击"动态输入"选项卡切换到"动态输入"选项卡，可以设置"指针输入""标注输入"和"动态提示"等，并可修改其相关参数，也可以重新设置工具提示外观，如图 2-8 所示。

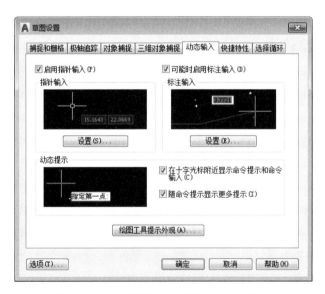

图 2-8　"草图设置"对话框中的动态输入

"快捷特性"按钮控制是否显示当前所选图形的特性菜单，若启用"快捷特性"模式，则在绘图区域单击任意图元，即弹出该图元的快捷特性面板，如果想对其位置模式、窗口大小等参数进行修改，也可以在"草图设置"对话框中进行设置，如图 2-9 所示。

图 2-9 "草图设置"对话框中的快捷特性

2.3 图层的设置

AutoCAD 中的一个图层相当于一张透明的纸，不同的图形对象就绘制在不同的图层上，将这些透明纸叠加起来，就得到最终的图形。在工程图中，图样往往包括粗实线、细实线、虚线、中心线等线型，如果通过图层来对这些信息进行分类，就可以很好地组织和管理不同类型的图形信息。各图层具有相同的坐标系、绘图界线和显示时的缩放倍数，同一图层上的实体处于同种状态。把不同对象分门别类地放在不同的图层上，可以很方便地对某个图层上的图形进行修改编辑，而不会影响到其他层上的图形。

设置图层是在"图层特性管理器"对话框中完成的，打开"图层特性管理器"对话框主要有三种方法。

（1）命令 Layer（La）；

（2）下拉菜单 "格式"→"图层"；

（3）图层工具栏 "图层特性管理器"按钮。

2.3.1 创建新图层

用户在使用"图层"功能时，首先要创建图层，然后进行应用。在同一工程图样中，用户可以建立多个图层。

单击"图层特性管理器"对话框中"新建图层"按钮，AutoCAD 将生成一个名为"图层 1"的新图层。可直接输入字符作为新图层的名称；用同样方法可以创建多个图层，如图 2-10 所示。修改图层名称时需要将该图层激活置于当前层，方法：双击左键或单击，图层前出现即可。单击左键即可进行编辑修改图层名称。

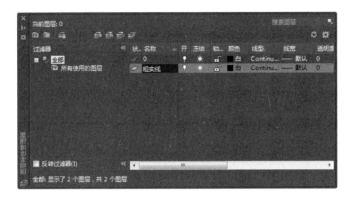

图 2-10　创建新图层

2.3.2　设置图层颜色

可以使用"图层特性管理器"为图层指定颜色，以便识别不同图层上的图形对象，快速实现图层的选择或隐藏等操作。在"图层特性管理器"中选择一个图层，单击"颜色"图标，弹出"选择颜色"对话框，选择一种颜色，单击"确定"按钮，即可为所选图层设定颜色，如图 2-11 所示。

图 2-11　选择颜色

2.3.3　设置图层线型

图层线型用来表示图层中图形线条的特性，通过设置图层的线型可以区分不同对象所代表的含义和作用，默认的线型为"Continuous"。

机械制图标准中，规定了不同对象采用不同种的线型，如中心线采用点画线，轮廓采用粗实线，尺寸标注等采用细实线，假想轮廓采用双点画线等，接下来介绍线型加载。

单击所选图层的线型名，将弹出"选择线型"对话框，如图 2-12 所示。在"选择线型"对话框中单击"加载"按钮，即可打开"加载或重载线型"对话框，如图 2-13 所示。

图 2-12　选择线型

图 2-13　加载新线型

在"加载或重载线型"对话框中选择一个或多个要加载的线型,如中心线选择"Center"然后单击"确定"按钮,返回"选择线型"对话框,在"选择线型"对话框中选中所选线型,单击"确定"按钮,即可改变图层的线型。

2.3.4　设置图层线宽

在机械图样上,图线一般只有两种宽度,分别称为粗实线和细实线,其宽度之比为 2∶1。在通常情况下,粗线的宽度采用 0.5 mm 或 0.7 mm,细实线的宽度采用 0.25 mm 或 0.35 mm。

在同一图样中,同类图线的宽度应一致。CAD 作图时,粗实线线宽通常选择 0.3mm。

单击所选图层的线宽名,将弹出"线宽"对话框,如粗实线通常设置 0.3mm,细实线设置默认,通过此对话框,可改变图层的线宽,如图 2-14 所示。

图 2-14　选择线宽

各种线型参数的设置一般如表 2-2 所示。

表 2-2　各种线型的设置

名　称	颜　色	线　型	线　宽	应　用
粗实线	白色	Continuous	0.3mm	轮廓线
中心线	红色	Center	默认	中心线
虚线	黄色	Hidden/Dashed	默认	不可见轮廓
细实线	绿色	Continuous	默认	剖面线、波浪线
尺寸	蓝色	Continuous	默认	标注尺寸
文字	白色	Continuous	默认	书写文字
双点画线	紫色	Phantom	默认	假想轮廓
图框细实线	白色	Continuous	默认	图框内框
图框粗实线	白色	Continuous	0.3mm	图框外框

2.3.5　控制图层的状态

如果工程图样中包含大量信息,且有很多图层,则用户可通过控制图层状态,使编辑、绘制、观察等工作变得更方便一些。

（1）打开和关闭图层　"图层特性管理器"上的图标 ♀ 或 ♀,表明图层处于打开或关闭状态。图层打开,该图层上的图形就会显示出来;图层关闭,图层上的图形对象不能显示。关闭的图层与图形一起重生成,但不能被显示或打印。

（2）冻结和解冻图层　"图层特性管理器"上的图标 ☼ 或 ❄,表明图层处于解冻或冻结状态。

（3）锁定和解锁图层　"图层特性管理器"上的图标 🔓 或 🔒,表明图层处于锁定或解锁状态。图层被锁定,不能对该图层上的图形对象进行编辑、修改的操作,也不能在其上绘制新的图形对象。

2.3.6　改变对象所在图层

在实际绘图中,如果绘制完某一图形元素后,发现该元素并没有绘制在预先设置的图层上，可选中该图形元素，单击"对象特性"按钮或输入"character（ch）"，在"图层"
下拉列表框中选择预设层名，如图 2-15 所示，这样对象所在图层就改变到所选图层上了。
也可以用特性匹配或 matchprop（ma）命令，对已绘制对象的图层进行更改。

图 2-15　"对象特性"对话框

2.3.7　改变对象的默认属性

　　未经调整之前，在图层中是按照建立图层时设置的参数值绘图的，即"对象特性"工
具栏中的颜色、线型和线宽三个列表框中都为"ByLayer"（随层），但是，在重新调整图层
的设置时，只要不是"随层值"，就不会随着设置的改变而改变。在一个图层中设置好颜色、
线型、线宽后，其后的图形绘制就按这些设置值进行，直到再次改变设置为止。

2.3.8　控制非连续线型外观

　　绘制图形时，经常需要使用点画线、虚线等非连续线型，非连续线型是由短横线和间
隙所构成的重复图案，图案中短线长度、间隙大小是由线型比例来控制的。在绘图过程往
往出现所画的虚线和点画线显示为连续线的情况，主要原因是线型比例因子设置得太大或
太小。

　　在 AutoCAD 中，修改全局比例因子的方法有以下三种。

　　（1）"格式"→"线型"，打开"线型管理器"管理器对话框，如图 2-16 所示。

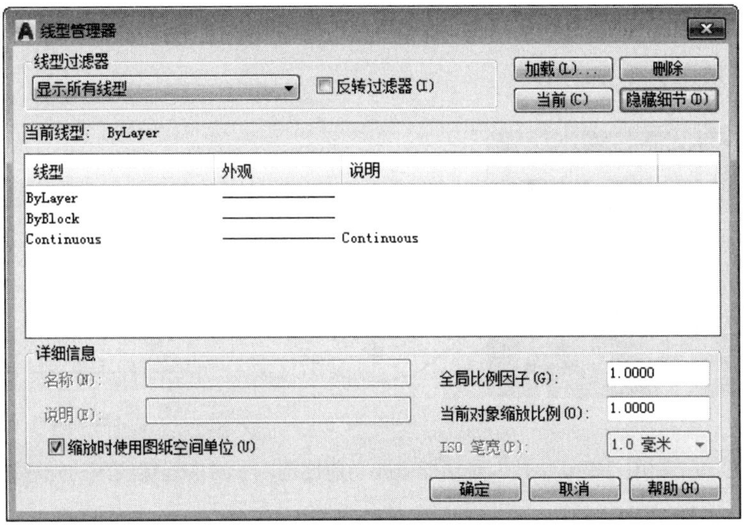

图 2-16　"线型管理器"对话框

（2）"特性"工具栏上"线型控制"下拉列表，选择"其他"选项，从而打开"线型管理器"对话框，如图 2-17 所示。

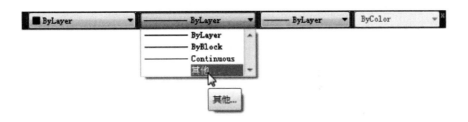

图 2-17　线型控制

（3）在命令行中输入"linetype"命令，打开"线型管理器"对话框，通过修改全局比例因子和当前对象比例来修改非连续线型的外观（疏密程度）。

① 通过全局比例因子修改线型外观　Ltscale 是控制线型的全局比例因子，它能影响图样中所有非连续线型的外观，值比较大时，非连续线型中短横线及间隙加长，反之会缩短，如图 2-18 所示。

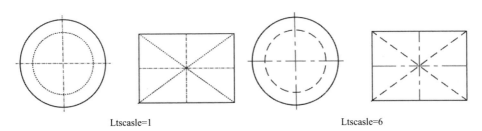

Ltscasle=1　　　　　　　　　　　　Ltscasle=6

图 2-18　全局比例因子对非连续线型的外观影响

② 通过当前对象线型比例因子修改线型外观　绘图过程中，有时需要不同的线型比例，就需要单独控制对象的比例因子，Celtscale 是控制当前对象比例的，调整该值后所有

新绘制的非连续线均会受到影响。也可以通过"对象特性"对话框对当前线型比例进行调整，如图 2-19 所示。

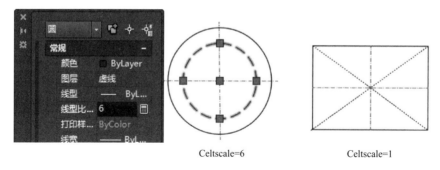

Celtscale=6　　　　　　　Celtscale=1

图 2-19　利用"对象特性"对话框修改当前比例因子对非连续线型的外观影响

2.4　常用操作

2.4.1　透明命令

AutoCAD 的透明命令是指在不中断其他命令的情况下被执行的命令。例如，Zoom（视图缩放）命令就是一个典型的透明命令。使用透明命令的前提条件是在执行某个命令的过程中需要用到其他命令而又不退出当前执行的命令。透明命令可以单独执行，也可以在执行其他命令的过程中执行。在绘图或编辑过程中，要在命令行中执行透明命令，必须在原命令前面加一个撇号"'"，然后根据相应的提示进行操作即可。

2.4.2　命令输入方式

在 AutoCAD 2017 中，有一些基本的输入操作方法，这些基本方法是进行 AutoCAD 绘图的必备基础知识，AutoCAD 2017 命令的输入方式很多，下面以画直线为例分别加以介绍。

（1）在命令行中输入命令名　命令字符可以不区分大小写，如输入命令 LINE 和 line 的效果相同。执行命令时，在命令行提示中经常会出现命令选项，如输入直线命令 LINE 后，命令行中的提示如下。

命令：_line

指定第一点：（在屏幕上指定一点或输入一个点的坐标）

指定下一点或〔放弃（U）〕：

选项中不带括号的提示为默认选项，因此可以直接输入直线段的起点坐标或在屏幕上指定一点，如果要选择其他选项，则应该首先输入该选项的标识字符（如"放弃"选项的标识字符是 U），然后按系统提示输入数据即可。在命令选项的后面有时还带尖括号，尖括号内的数值为默认数值。

（2）在命令行中输入快捷键（命令缩写字）　命令缩写字很多，如 L（LINE）、C（CIRCLE）、A（ARC）、Z（ZOOM）等，同时在命令提示行里输入快捷键首字母，会自动弹出匹配命令列表，可以快速访问其他内容。当输入"L"或"l"时，如图 2-20 所示。

（3）从下拉菜单栏里选取该命令　在状态栏中可以看到对应的命令名及说明。

（4）单击工具栏中的对应图标　单击图标后，在状态栏中也可以看到对应的命令名及说明。

（5）在命令行中打开右键快捷菜单　如果在前面刚刚使用过要输入的命令，可以在命令行中打开右键快捷菜单，在"最近的输入"子菜单中选择需要的命令，如图 2-21 所示。

图 2-20　匹配命令

图 2-21　命令行右键快捷菜单

（6）在绘图区右击　如果用户要重复使用上次使用的命令，可以直接在绘图区右击，弹出快捷菜单，选择其中的命令并确认，系统立即重复执行上次使用的命令，这种方法适用于重复执行某个命令。

（7）绘图工具栏　"添加选定对象"按钮 或命令 ADDSelected（AD）。

2.4.3　命令的重复、撤消、重做

（1）命令的重复　在 AutoCAD 运行过程中，如果要重复执行上一次使用的命令，可以通过以下几种方法快速实现。

① 按 Enter 键或空格键　在一个命令执行完成后，按 Enter 键或空格键，即可再次执行上一次执行的命令。

② 右击　在弹出的快捷菜单选择"最近的输入"，查找执行过的操作命令。

③ 按方向键↑　按键盘上的↑方向键，可依次向上翻阅前面在命令行中所输入的数值或命令。当出现用户所执行的命令后，按 Enter 键即可执行该命令。

注意：

AutoCAD 中，由于 Enter 键的功能较多，通常可以使用空格键代替 Enter 键来快速执行确定操作。

（2）命令的撤消　在命令执行的任何时刻都可以取消和终止。启用"撤消"命令有以下方法。

① 命令行：UNDO；

② 菜单："编辑"→"放弃"；

③ 单击"快速访问"工具栏中的"放弃"按钮🔄；

④ 快捷键：Esc；

⑤ 按 Ctrl+Z 组合键。

（3）命令的重做 已被撤消的命令还可以恢复重做，而要恢复的是最后一个命令。启用"重做"命令常用以下方法。

① 命令行：REDO；

② 菜单："编辑"→"重做"；

③ 单击"快速访问"工具栏中的"重做"按钮🔄；

④ 按 Ctrl+Z 组合键。

2.4.4 命令终止方式

在执行 AutoCAD 操作命令的过程中，终止方式有三种。

（1）命令正常执行完后，自动终止。

（2）按 Esc 或 Enter 键，按 Esc 键，可以随时终止 AutoCAD 命令的执行。

（3）调用另外一个非透明命令即可自动终止当前执行的命令。

注意：

在操作中退出命令时，有些命令需要连续按两次 Esc 键。如果要终止正在执行中的命令，可以在"命令:"状态下输入 U（退出）并按空格键确定，即可返回上次操作前的状态。

2.4.5 坐标系统

AutoCAD 提供了两种坐标系统：世界坐标系（WCS）与用户坐标系（UCS）。用户刚进入 AutoCAD 时的坐标系统就是世界坐标系，是固定的坐标系统。世界坐标系也是坐标系统中的基准，绘制图形时多数情况下都是在这个坐标系统下进行的。

（1）世界坐标系（WCS） 世界坐标系有三个轴，即 X、Y 和 Z 轴。输入坐标值时，需要指示沿 X、Y 和 Z 轴相对于坐标系原点（0，0，0）点的距离（以单位表示）及其方向（正或负），如图 2-22（a）所示。

(a) WCS   (b) UCS   (c) WCS   (d) 当前 UCS   (e) UCS

图 2-22   坐标系

在二维环境中，要在 XY 平面（也称为工作平面）上指定点，工作平面类似于平铺的网格纸。世界坐标的 X 值指定水平距离，Y 坐标值指定垂直距离。原点（0，0）表示两轴相交的位置，如图 2-22（c）、（d）所示。

（2）用户坐标系（UCS） 用户坐标系为坐标输入、操作平面和观察图形提供一种可变动的坐标系。定义一个用户坐标系即可改变原点（0，0，0）的位置以及 XY 平面和 Z 轴的方向。可在 AutoCAD 的三维空间中任何位置定位和定向 UCS，也可随时定义、保存多个用户坐标系, 如图 2-22 (b) 所示。

二维 UCS 如图 2-22 (e) 所示。

2.4.6 数据输入方法

绘图的关键是精确输入点的坐标。在 AutoCAD 中采用了笛卡儿直角坐标系和极坐标系两种确定坐标的方式, 在 AutoCAD 中提示指定点时, 可以在命令行中输入绝对坐标和相对坐标来完成点的输入。

笛卡儿直角坐标系由 X、Y、Z 三个轴构成, 以坐标原点 (0, 0, 0) 为基点定位输入点, 直角坐标系的三个坐标值用逗号分开。图形的创建都在 XY 面上, Z 轴坐标为 0, 可以省略 Z 值。所以平面中的点都是用 (X, Y) 坐标值来指定的。

极坐标基于原点 (0,0) 定位, 采用极径和极角。格式为 "距离<角度"。

(1) 绝对坐标　绝对坐标是指对于当前坐标系原点的坐标。用户以绝对坐标的形式输入点时, 可以采用直角坐标或极坐标。

① 直角坐标　直角坐标是以 "X,Y,Z" 形式表现一个点的位置。当绘制二维图形时只需输入 X,Y 坐标。坐标原点 "0,0" 缺省时是在图形屏幕的左下角, X 坐标值向右为正增加, Y 坐标值向上为正增加。当使用键盘键入点的 X,Y 坐标时, 之间用 "," (半角) 隔开, 不能加括号, 坐标值可以为负。通常是用鼠标来响应点的坐标输入。

② 极坐标　极坐标以 "距离<角度" 的形式表现一个点的位置, 它以坐标系原点为基准, 原点与该点的连线长度为 "距离", 连线与 X 轴正向的夹角为 "角度" 确定点的位置。"角度" 的方向以逆时针为正, 顺时针为负。

例如输入点的极坐标: 60<30, 则表示该点到原点的距离为 60, 该点与原点的连线与 X 轴正向夹角为 30°。

(2) 相对坐标　相对坐标是用本次画图时的第一点作为坐标原点, 来确定以后所绘点的位置的一种坐标。只要知道下一点与前一点的相对位置就可以作图, 因此方便实用。

① 用相对直角坐标时, 先输入@, 再输入下一点与前一点的相对位置 X,Y,Z 即可。

② 用相对极坐标时, 先输入@, 再输入下一点与前一点的相对位置, 距离 (角度)。

(3) 动态数据输入　单击状态栏的 "动态输入" 按钮 ⊢, 系统打开动态输入功能, 用户可以在屏幕上动态地输入某些参数。例如, 绘制直线时, 在光标附近会动态地显示 "指定第一点" 以及后面的坐标框, 当前显示的是光标所在位置, 用户可输入数据, 如图 2-23 所示。指定第一点后, 系统动态显示直线的角度, 同时要求输入线段长度值, 如图 2-24 所示, 其输入效果与 "@距离<角度" 方式相同。

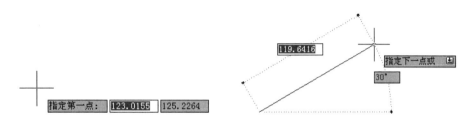

图 2-23　动态输入坐标值　　　　　　　　图 2-24　动态输入长度值

2.5　思考与练习

2.5.1　思考题

1. 新建图层的方法有（　　　）。
（1）命令行：LAYER
（2）菜单："格式" → "图层"
（3）工具栏："图层" → "图层特性管理器"

2. 设置或修改图层颜色的方法有（　　　）。
（1）命令行：LAYER
（2）菜单："格式" → "图层"
（3）菜单："格式" → "颜色"
（4）工具栏："图层" → "图层特性管理器"
（5）工具栏："对象特征" → "颜色控制" 下拉列表框

3. 试分析图层的三大控制功能（打开/关闭、冻结/解冻和锁定/解锁）有什么不同。

4. 什么是对象捕捉？启用对象捕捉的方式有哪些？

5. 绘图时，需要一种前面没有用到的线型，试给出具体解决步骤。

6. 重画与重生成有何异同？

7. 笛卡儿坐标系与极坐标系有何不同？

8. 什么是 WCS？什么是 UCS？二者有何区别和联系？

9. 在 AutoCAD 中输入数据有几种方法？

10. 如何设置图形的界限？试创建 A3 图纸幅面。

11. 绘制机械图时，常常需要创建哪些图层？

12. 如何为图层指定线宽？

13. 图层状态包括哪些内容？

2.5.2　基础操作题

1. 建立图层，并绘制如图 2-25 所示的图形。

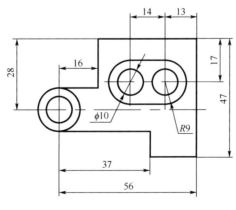

图 2-25

2．利用对象捕捉或临时追踪绘制如图 2-26 所示的图形。

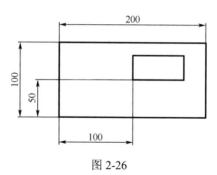

图 2-26

3．绘制如图 2-27 所示的图形。

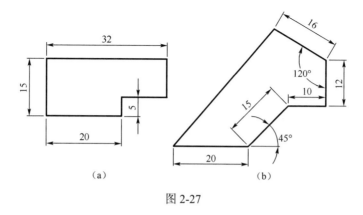

（a） （b）

图 2-27

2.5.3 应用·提高·强化

1．利用对象捕捉临时或追踪、极轴追踪等命令绘制如图 2-28 所示的图形。

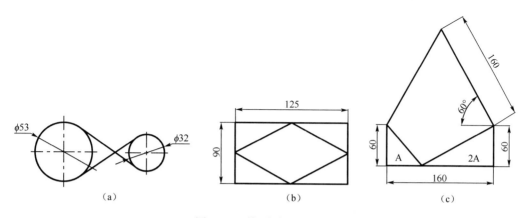

（a） （b） （c）

图 2-28 利用捕捉追踪方式

2．利用坐标输入绘制如图 2-29 所示的图形。

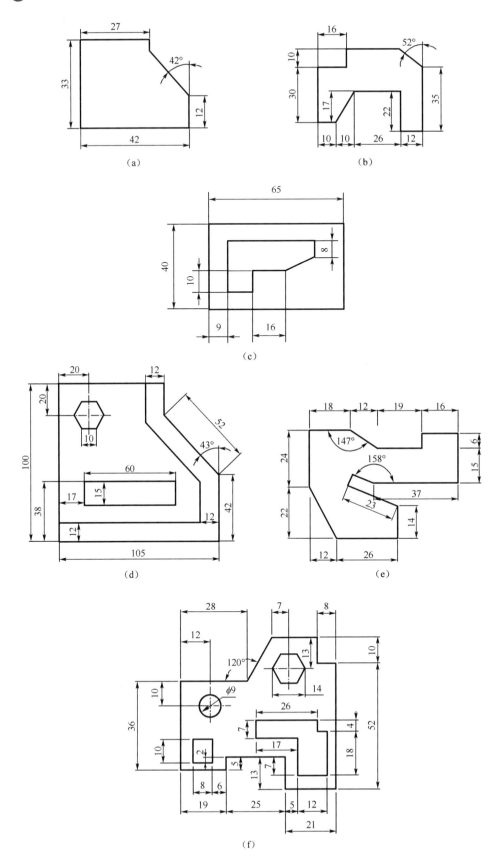

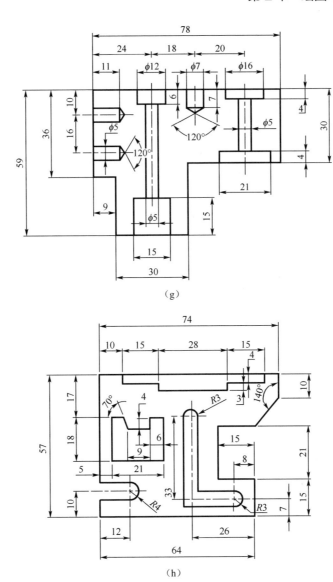

（g）

（h）

图 2-29

第3章 ▷▷▷ ▶▶▶
绘制二维图形

二维图形是指在二维平面空间中绘制的图形，主要由一些基本的图形对象组成，AutoCAD 2017 提供了十余种基本图形对象，包括点、直线、圆弧、圆、椭圆、多段线、矩形、正多边形、圆环、样条曲线等。本章将分别介绍这些基本图形对象的绘制方法。

3.1　点

点是最基本的图形对象，AutoCAD 2017 能够使用多种方法绘制点，包括绘制单点、多点、定数等分点和定距等分点，还可进行多种点样式的设置。

3.1.1　设置点样式

在绘制点时用户要知道绘制什么样的点和点的大小，因此需要设置点的样式，具体操作步骤如下。

在菜单浏览器中选择"格式"→"点样式"菜单命令，系统弹出"点样式"对话框，在该对话框中共有 20 种点样式，用户可以根据自己的需要进行选择，点的大小通过"点样式"中的"点大小"文本框输入数值，点显示设置的大小，然后单击"确定"按钮，如图 3-1 所示。

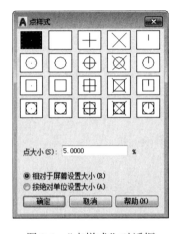

图 3-1　"点样式"对话框

3.1.2　绘制点

启用绘制"点"命令有以下三种方法。

（1）"绘图"→"点"→"单点"菜单命令；

（2）单击"绘图工具栏"中的"点"按钮 ▪ ；

（3）输入命令：POINT（PO）。

利用以上任意一种方法启用"点"的命令，就可以绘制单点的图形。如图 3-2（a）所示，在正六边形左上端点处单击鼠标绘制点；如图 3-2（b）所示，利用"绘图"→"点"→"多点"菜单命令，在正六边形各个端点处单击鼠标来绘制多个点。

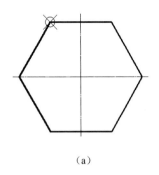
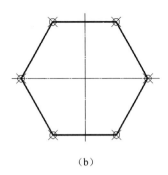

（a）　　　　　　　　　　　　　　　　　（b）

图 3-2　点的绘制

3.1.3　绘制等分点

（1）定数等分点　在绘图中，经常需要对直线或一个对象进行定数等分，选择"绘图"→"点"→"定数等分"菜单命令，就可在所选择的对象上绘制等分点。

【例 3.1】把直线、圆弧和圆分别进行 4、6、8 等分，如图 3-3 所示。

① 命令：　divide（选择定数等分菜单命令）

② 选择定数等分的对象:（选择定数等分的直线）

③ 输入线段数目或〔块（B）〕: 4↙（输入等分数目）

用同样的方法可以对圆弧和圆分别进行 6、8 等分，如图 3-3 所示。

图 3-3　定数等分点

选项说明：

① 等分数范围为 2～32767；

② 在等分点处按当前点样式设置画出等分点；

③ 在第二个提示中选择"块（B）"选项时，表示在等分点处插入指定的块；

④ 进行定数等分的对象可以是直线、圆弧、圆、多段线和样条曲线，但不能是块、尺寸标注、文本及剖面线等对象。

（2）定距等分点　定距等分就是在一个图形对象上按指定距离绘制多个点。选择"绘图"→"点"→"定距等分"菜单命令，就可在所选择的对象上绘制等分点。

【例 3.2】　把直线按 30 mm 进行定距等分，如图 3-4 所示。

① 命令：　measure（选择定距等分菜单命令）

② 选择定数等分的对象：（选择定距等分的直线）

③ 输入线段数目或〔块（B）〕：30↙（输入指定的间距）

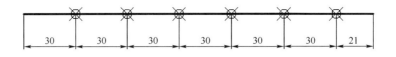

图 3-4　定距等分点

选项说明：

① 设置的起点一般是指指定的绘制起点；

② 在等分点处按当前点样式设置画出等分点；

③ 在第二个提示中选择"块（B）"选项时，表示在等分点处插入指定的块；

④ 进行定距等分的对象可以是直线、圆弧、圆、多段线和样条曲线，但不能是块、尺寸标注、文本及剖面线等对象；

⑤ 最后一个测量段的长度不一定等于指定分段长度。

3.2　绘制直线类对象

3.2.1　绘制直线

直线是 AutoCAD 中最常见的图形对象之一。可以绘制一系列连续的直线段、折线段或闭合多边形，每一条线段均是一个独立对象。启用绘制"直线"命令有三种方法。

（1）"绘图"→"直线"菜单命令；

（2）单击"绘图工具栏"中的"直线"按钮 ✎；

（3）输入命令：LINE。

利用以上任意一种方法启用"直线"的命令，就可绘制直线。

（1）使用鼠标绘制直线　启用绘制"直线"命令，用鼠标在绘图区域内单击一点作为线段的起点，移动鼠标，在用户想要的位置再单击，作为线段的另一点，这样连续可以画出用户所需的直线。

（2）输入点的坐标绘制直线　使用绝对坐标确定点的位置来绘制直线。绝对坐标是相对于坐标原点的坐标，在默认情况下绘图窗口中的坐标系为世界坐标系 WCS。输入格式如下。

① 绝对直角坐标的输入形式是 x,y（x,y 分别是输入点相对于原点的 X 坐标和 Y 坐标）；

② 绝对极坐标的输入形式是 r<θ（r 表示输入点与原点的距离，θ 表示输入点到原点的连线与 X 轴正方向的夹角）。

【例 3.3】 已知 A（0，50）、B（90，80）两点，利用直角坐标值绘制直线 AB；已知 OC 的长度是 80，且与 X 轴的夹角为-45°，利用极坐标绘制直线 OC，如图 3-5 所示。

（1）利用直角坐标值绘制直线 AB

命令：line　指定第一点:0，50↙（选择绘制直线命令,输入 A 点坐标）

指定下一点或〔放弃（U）〕: 90,80↙（输入 B 点坐标）

指定下一点或〔放弃（U）〕: ↙（如图 3-5（a）所示）

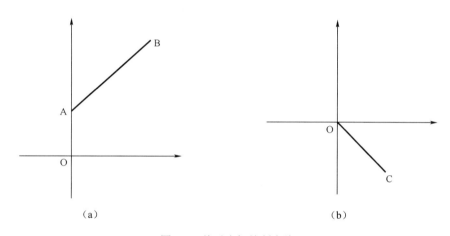

（a）　　　　　　　　　　　　　　（b）

图 3-5　绝对坐标绘制直线

（2）利用极坐标绘制直线 OC

命令：line　指定第一点:0，0↙（选择绘制直线命令,输入 O 点坐标）

指定下一点或〔放弃（U）〕: 80<-45↙（输入 C 点坐标）

指定下一点或〔放弃（U）〕: ↙（如图 3-5（b）所示）

（3）使用相对坐标确定点的位置来绘制直线　相对坐标是用户常用的一种坐标形式，其表示方法有两种：一种是相对直角坐标，另一种是相对极坐标。输入格式如下。

① 相对直角坐标的输入形式是@ x,y（在绝对坐标前面加@）；

② 相对极坐标的输入形式是@r<θ（在绝对极坐标前面加@）。

【例 3.4】 用相对坐标绘制连续直线 ABCDEF，如图 3-6 所示。

命令：line　指定第一点:（选择绘制直线命令,任取一点 A 为起点）

指定下一点或〔放弃（U）〕: @50，0↙（输入 B 点相对坐标）

指定下一点或〔放弃（U）〕: @60<45↙（输入 C 点相对坐标）

指定下一点或〔放弃（U）〕: @50，0↙（输入 D 点相对坐标）

指定下一点或〔放弃（U）〕: @0，50↙（↙输入 E 点相对坐标）

指定下一点或〔放弃（U）〕: @-100，0↙（输入 F 点相对坐标）

指定下一点或〔放弃（U）〕: C↙（输入"C"选择闭合选项）

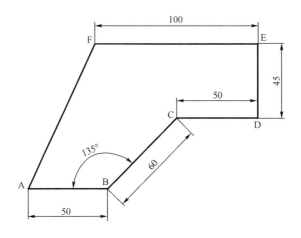

图 3-6　相对坐标绘制直线

选项说明：

① 在响应"指定下一点："时，若输入 U 或选择快捷菜单中的"放弃"命令，则取消刚画出的线段。连续输入 U 并回车，即可连续取消相应的线段；

② 在命令行的"命令："提示下输入 U,则取消上次执行的命令；

③ 在响应"指定下一点："时，若输入 U 或选择快捷菜单中的"闭合"命令，可以使绘图的折线封闭并结束操作；

④ 若要画水平线和垂直线，只要打开状态栏中的正交按钮，直接输入长度值可绘制定长的直线段。

3.2.2　绘制射线

射线是一条只有起点并通过另一点或指定某方向无限延伸的直线，一般用作辅助线。启用绘制"射线"命令有两种方法。

（1）"绘图"→"射线"菜单命令；

（2）输入命令：RAY。

【例 3.5】　绘制如图 3-7 所示的射线。

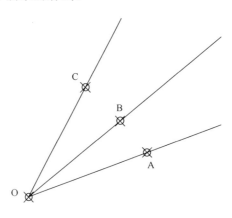

图 3-7　绘制射线

命令: ray　指定起点:（选择射线命令,任取一点 O 为起点）

指定通过点:（捕捉点 A 单击）

指定通过点:（捕捉点 B 单击）

指定通过点:（捕捉点 C 单击）

指定通过点: ↙

3.2.3　绘制构造线

构造线是指通过某两点并确定了方向,向两个方向无限延伸的直线,一般用作辅助线。启用绘制"构造线"命令有三种方法。

（1）"绘图"→"构造线"菜单命令；

（2）单击"绘图工具栏"中的"构造线"按钮 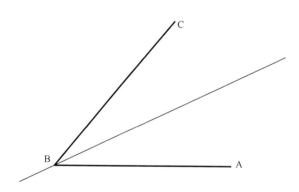；

（3）输入命令：XLINE。

启用"构造线"命令后,命令行提示如下。

命令:　xline 指定点或〔水平（H）/垂直（V）角度（A）/二等分（B）/偏移（O）〕:

选项说明：

① 水平（H）　绘制水平构造线,随后指定的点为该水平线的通过点；

② 垂直（V）　绘制垂直构造线,随后指定的点为该垂直线的通过点；

③ 角度（A）　指定构造线的角度,随后指定的点为该线的通过点；

④ 二等分（B）　以构造线绘制指定角的平分线；

⑤ 偏移（O）　复制现有的构造线,指定偏移通过点。

【例 3.6】　绘制∠ABC 的二等分线,如图 3-8 所示。

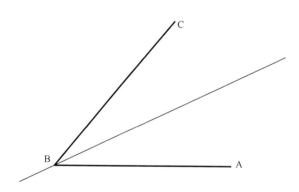

图 3-8　绘制∠ABC 的二等分线

命令: xline 指定点或〔水平（H）/垂直（V）角度（A）/二等分（B）/偏移（O）〕: B↙
（选择构造线命令,输入"B"）

指定角的顶点:（捕捉点 B 单击）

指定角的顶点:（捕捉点 A 单击）

指定角的端点:（捕捉点 C 单击）

指定角的端点: ↙

3.2.4　绘制多线

多线是指由多条平行线构成的直线，常用于建筑图的绘制。在绘图过程中用户可以调整和编辑平行直线间的距离，以及直线的数量、颜色和线型等属性。启用绘制"多线"命令常用两种方法。

（1）"绘图"→"多线"菜单命令；

（2）输入命令：MLINE。

启用"多线"命令后，命令行提示如下。

命令：mline

当前设置：对正 = 上，比例 = 20.00，样式 = STANDARD

指定起点或〔对正（J）/比例（S）样式（ST）〕：

选项说明：

① 当前设置　显示当前多线的设置属性；

② 指定起点　执行该选项后（即输入多线的起点），系统会以当前的线型样式、比例和对正方式绘制多线；

③ 对正（J）　用来确定绘制多线的基准（上、无、下）；

④ 比例（S）　用来确定所绘制多线相对于定义的多线的比例因子，默认为 1.00；

⑤ 样式（ST）　用于选择和定义多线的样式，系统默认的样式为 STANDARD。

【例 3.7】　绘制如图 3-9 所示的多线。

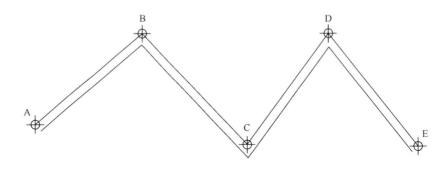

图 3-9　绘制多线

命令：　mline（选择多线命令）

当前设置：对正 = 上，比例 = 20.00，样式 = STANDARD

指定起点或〔对正（J）/比例（S）样式（ST）〕：（单击 A 点位置）

指定下一点：（单击 B 点位置）

指定下一点或〔放弃（U）〕：（单击 C 点位置）

指定下一点或〔闭合（C）/放弃（U）〕：（单击 D 点位置）

指定下一点或〔闭合（C）/放弃（U）〕：（单击 E 点位置）

指定下一点或〔闭合（C）/放弃（U）〕：（按 Enter 键结束命令）

3.3　绘制圆弧类对象

3.3.1　绘制圆与圆弧

圆与圆弧是工程图样中常见的曲线元素。AutoCAD 提供了多种绘制圆与圆弧的方法。

（1）绘制圆　启用绘制"圆"的命令有三种方法。

① "绘图"→"圆"菜单命令；

② 单击"绘图工具栏"中的"圆"按钮 ⊘ ；

③ 输入命令：CIRCLE（C）。

启用"圆"命令后，命令行提示如下。

命令：_circle 指定圆的圆心或〔三点（3P）/两点（2P）/相切、相切、半径（T）〕:

选项说明：

在命令行窗口的提示中或绘制圆的联级菜单中单击相应的命令，有 6 种不同的绘图方式，如图 3-10 所示。

图 3-10　选择绘图方式

① 圆心、半径（R）　给定圆的圆心及半径绘制圆。

② 圆心、直径（D）　给定圆的圆心及直径绘制圆。

③ 三点（3P）　用指定圆周上三点的方法画圆，依次输入三个点，即可绘制出一个圆。

④ 两点（2P）　根据直径的两端点画圆，依次输入两个点，即可绘制出一个圆，两点间的连线即该圆的直径。

⑤ 相切、相切、半径（T）　画与两个对象相切，且半径已知的圆。输入后，根据命令行提示，指定相切对象并给出半径后，即可画出一个圆。相切的关系可以利用对象捕捉功能轻易实现。

⑥ 相切、相切、相切（A）　画与三个对象相切，且半径已知的圆。相切的对象可以是直线、圆、圆弧和椭圆等图线。

【例 3.8】 以点 A（80，80）为圆心作半径为 30 的圆，以点 B（150，170）为圆心作直径为 30 的圆。求作：与两圆相切且半径为 60 的圆 C；与 A、B、C 圆相外切的圆 D。如图 3-11 所示。

① 命令：_circle 指定圆的圆心或〔三点（3P）/两点（2P）/相切、相切、半径（T）〕:
80，80（选择绘制圆的命令，输入点 A 的圆心坐标）

指定圆的半径或〔直径（D）〕: 30↙（输入半径值）

② 命令: _circle 指定圆的圆心或〔三点（3P）/两点（2P）/相切、相切、半径（T）〕: 150，175（选择绘制圆的命令，输入点 B 的圆心坐标）

指定圆的半径或〔直径（D）〕: D↙（输入 D 选择"直径"选项）

指定圆的直径: 30↙（输入直径值）

③ 命令: _circle 指定圆的圆心或〔三点（3P）/两点（2P）/相切、相切、半径（T）〕: T↙（选择绘制圆的命令，输入 T 选择"相切、相切、半径"选项）

指定对象与圆的第一切点: _tan 到（捕捉圆 A 的切点）

指定对象与圆的第二切点: _tan 到（捕捉圆 B 的切点）

指定圆的半径: 60↙（输入半径值）

④ 命令: _circle 指定圆的圆心或〔三点（3P）/两点（2P）/相切、相切、半径（T）〕: 3P↙（选择绘制圆的命令，输入 3P 选择"三点"选项）

指定圆上的第一切点: _tan 到（捕捉圆 A 的切点）

指定圆上的第二切点: _tan 到（捕捉圆 B 的切点）

指定圆上的第三切点: _tan 到（捕捉圆 C 的切点）

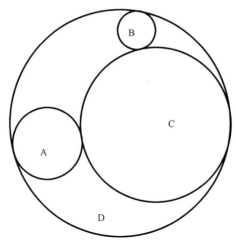

图 3-11　绘制圆

（2）绘制圆弧　启用绘制"圆弧"命令有三种方法。

① "绘图（D）"→"圆弧"菜单命令;

② 单击"绘图工具栏"中的"圆弧"按钮 ;

③ 输入命令: ARC（A）。

启用"圆弧"的命令后，命令行提示如下。

命令: arc

指定圆弧的起点或〔圆心（C）〕:

指定圆弧的第二个点或〔圆心（C）/端点（E）〕:

指定圆弧的端点:

选项说明:

在命令行窗口的提示中或绘制圆弧的联级菜单中单击相应的命令，在子菜单中提供了 10 种绘制圆弧的方法，如图 3-12 所示。

① 三点（P） 指定圆弧的起点、圆弧上的一点、端点绘制圆弧。

② 起点、圆心、端点（S） 指定圆弧的起点、圆心和端点绘制圆弧。

③ 起点、圆心、角度（T） 指定圆弧的起点、圆心和包含角度绘制圆弧。若角度为正，则按逆时针方向绘制圆弧；若角度为负，则按顺时针方向绘制圆弧。

④ 起点、圆心、长度（A） 指定圆弧的起点、圆心和圆弧的弦长绘制圆弧。

⑤ 起点、端点、角度（N） 指定圆弧的起点、端点和包含角度绘制圆弧。

⑥ 起点、端点、方向（D） 指定圆弧的起点、端点和给定起点的切线方向绘制圆弧。

⑦ 起点、端点、半径（R） 指定圆弧的起点、端点和半径绘制圆弧。

⑧ 圆心、起点、端点（C） 指定圆弧的圆心、起点和端点绘制圆弧。

⑨ 圆心、起点、角度（E） 指定圆弧的圆心、起点和包含角度绘制圆弧。

⑩ 圆心、起点、长度（L） 指定圆弧的圆心、起点和圆弧的弦长绘制圆弧。

【例 3.9】 绘制如图 3-13 所示 ABC 圆弧。

命令：arc 指定圆弧的起点或〔圆心（C）〕:（选择绘制圆弧的命令，单击 A 点）

指定圆弧的第二个点或〔圆心（C）/端点（E）〕:（单击 B 点）

指定圆弧的端点:（单击 C 点）

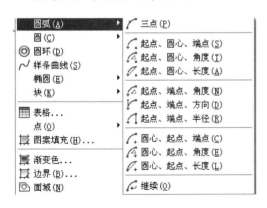

图 3-12 选择绘制圆弧

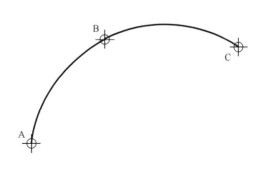

图 3-13 绘制圆弧

3.3.2 绘制椭圆与椭圆弧

（1）绘制椭圆 绘制椭圆的主要参数是椭圆的长轴和短轴，绘制椭圆的默认方法是通过指定椭圆的第一根轴线的两个端点及另一半轴的长度。启用绘制"椭圆"命令常用两种方法。

① "绘图（D）" →"椭圆"菜单命令；

② 单击"绘图工具栏"中的"椭圆"按钮 ；

③ 输入命令：ELLIPSE（EL）。

启用"椭圆"的命令后，命令行提示如下。

命令：_ellipse

指定椭圆的轴端点或〔圆弧（A）/中心点（C）〕:（指定一个轴端点）

指定椭圆的另一个端点:（指定另一个轴端点）

指定另一条半轴长度或旋转（R）:

选项说明:

① 指定椭圆的轴端点　根据两个端点定义椭圆的第一条轴。第一条轴的角度确定整个椭圆的角度。第一条轴既可以定义椭圆的长轴，也可以定义椭圆的短轴。

② 圆弧（A）　用于创建一段椭圆弧。

③ 中心点（C）　通过指定椭圆中心点位置，再确定长轴和短轴的长度来绘制椭圆。

④ 旋转（R）　通过绕第一条轴旋转圆来创建椭圆。

【例3.10】　已知椭圆的长轴为150，短轴为100，绘制如图3-14所示的椭圆。

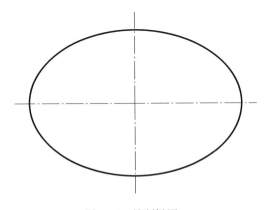

图 3-14　绘制椭圆

命令: _ellipse（选择绘制椭圆的命令）

指定椭圆的轴端点或〔圆弧（A）/中心点（C）〕: C（输入C选择"中心点"，按Enter键）

指定椭圆的中心点:<对象捕捉 开>（指定两中心线的交点为中心点）

指定轴端点:<对象捕捉 关>@75，0（输入长轴一端点的坐标值）

指定另一条半轴长度或旋转（R）: 50（动态状态下输入长度值，按Enter键结束命令）

（2）绘制椭圆弧　绘制椭圆弧的方法与绘制椭圆相似，首先确定椭圆的长轴和短轴，然后再输入椭圆的起始角和终止角即可。启用绘制"椭圆弧"命令有两种方法。

① "绘图（D）"→"椭圆"→"椭圆弧"菜单命令;

② 单击"绘图工具栏"中的"椭圆弧"按钮。

启用"椭圆弧"的命令后，命令行提示如下。

指定椭圆弧的轴端点或〔中心点（C）〕:（指定端点或输入C）

指定轴的另一个端点:（指定另一端点）

指定另一条半轴长度或旋转（R）:（指定另一条半轴长度或输入R）

指定起始角度或参数（P）:（指定起始角度或输入P）

指定终止角度或〔参数（P）/包含角度（I）〕:

选项说明:

① 角度　指定椭圆弧端点的两种方式之一，光标和椭圆中心点连线与水平线的夹角为椭圆端点位置的角度。

② 参数（P）　指定椭圆弧端点的另一种方式，该方式同样是指定椭圆弧端点的角度，但系统将使用公式 p（n）＝c＋acos（n）＋bsin（n）来计算椭圆弧的起始角。其中，c 是椭圆的中心点，a 和 b 分别是椭圆的长轴和短轴，n 为光标和椭圆中心点连线与水平线的夹角。

③ 包含角度（I）　定义从起始角度开始的包含角度。

【例 3.11】　绘制经过 A（30，20）、B（60，60）两点，椭圆弧旋转角度为 60°，椭圆弧起始角度为 30°，终止角度为 270°的椭圆弧，如图 3-15 所示。

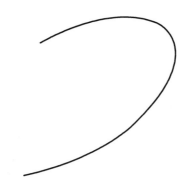

图 3-15　按起始角和终止角绘制椭圆弧

指定椭圆弧的轴端点或〔中心点（C）〕：30，20（选择绘制椭圆弧的命令，输入 A 点坐标，按 Enter 键）

指定轴的另一个端点：60，60↙（输入 B 点坐标）

指定另一条半轴长度或旋转（R）：R↙（输入 R 选择"旋转"选项）

指定绕轴旋转的角度：60↙（输入绕轴旋转的角度值）

指定起始角度或参数（P）：30↙（输入起始角度值）

指定终止角度或〔参数（P）/包含角度（I）〕：270↙（输入终止角度值）

3.3.3 绘制圆环

圆环是一种可以填充的同心圆，其内径可以是 0，也可以和外径相等。在绘图过程中用户需要指定圆环的内、外径以及中心点。启用绘制"圆环"命令常用以下两种方法。

（1）"绘图"→"圆环"菜单命令；

（2）输入命令：DONUT。

启用"圆环"的命令后，命令行提示如下。

命令：_donut

指定圆环的内径<默认值>：（指定圆环的内径）

指定圆环的外径<默认值>：（指定圆环的外径）

指定圆环的中心点<退出>：（输入指定圆环的中心点或按 Enter 键结束命令）

选项说明：

① 若指定内径为 0，则画出实心填充圆。

② 用命令 FILL 可以控制圆环是否填充，命令行提示如下。

命令：FILL↙

输入模式〔开（ON）/关（OFF）〕<开>:（选择 ON 表示填充，选择 OFF 表示不填充）

【例 3.12】 绘制内径为 25，外径为 30，圆心坐标为（80，80）的圆环，如图 3-16（a）所示。

命令：_donut（选择绘制圆环的命令）

指定圆环的内径<25.0000>: 25↙（输入圆环的内径值）

指定圆环的外径<31.4216>: 30↙（输入圆环的外径值）

指定圆环的中心点<退出>: 80，80（输入圆环中心点的坐标）

指定圆环的中心点<退出>: ↙

（a）　　　　　　　　　　　　　　　　（b）

图 3-16　绘制圆环

当内径为零时，可绘制出实心圆，如图 3-16（b）所示。

3.4　绘制多边形

3.4.1　绘制矩形

矩形可通过定义两个对角点来绘制，同时可以设置圆角、倒角、宽度等。启用绘制"矩形"命令常用三种方法。

（1）"绘图（D）" → "矩形"菜单命令；

（2）单击"绘图工具栏"中的"矩形"按钮；

（3）输入命令：RECTANG（REC）。

启用"矩形"的命令后，命令行提示如下。

命令：_rectang

指定第一个角点或〔倒角（C）/标高（E）/圆角（F）/厚度（T）/宽度（W）〕:（指定一点）

指定另一个角点或〔面积（A）/尺寸（D）/旋转（R）〕:

选项说明：

① 指定第一个角点　定义矩形的一个顶点；

② 倒角（C）　指定倒角距离，绘制带倒角的矩形；

③ 标高（E）　指定矩形标高（Z 坐标），即把矩形画在标高为 Z，与 XOY 坐标面平行的平面上，并作为后续矩形的标高值；

④ 圆角（F）　指定圆角半径，绘制带圆角的矩形；

⑤ 厚度（T）　指定矩形的厚度；

⑥ 宽度（W）　指定矩形的线宽；

⑦ 面积（A）　指定矩形的面积及矩形的长或宽绘制矩形；

⑧ 尺寸（D）　指定矩形的长和宽绘制矩形；

⑨ 旋转（R）　设置矩形绕 X 轴旋转的角度。

【例 3.13】　已知矩形的起点坐标为（80，80），圆角 R 为 6，矩形与 X 轴夹角为 30°，另一角点的坐标为（120，170），求作该矩形，如图 3-17 所示。

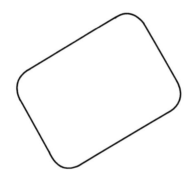

图 3-17　绘制矩形

命令：_rectang（选择绘制矩形的命令）

指定第一个角点或〔倒角（C）/标高（E）/圆角（F）/厚度（T）/宽度（W）〕：F✓（输入 F 选择"圆角"选项）

指定矩形的圆角半径<0,0000>：6✓（输入圆角半径值）

指定第一个角点或〔倒角（C）/标高（E）/圆角（F）/厚度（T）/宽度（W）〕：80，80✓（输入矩形起点坐标）

指定另一个角点或〔面积（A）/尺寸（D）/旋转（R）〕：R✓（输入 R 选择"旋转"选项）

指定旋转角度或〔拾取点（P）〕<0>：30✓（输入旋转角度）

指定另一个角点或〔面积（A）/尺寸（D）/旋转（R）〕：120，170✓（输入另一角点坐标值）。

3.4.2　绘制正多边形

在 AutoCAD 中，正多边形是具有等边长的封闭图形，其边数为 3～1024。启用绘制"正多边形"命令常用三种方法。

（1）"绘图（D）" → "正多边形"菜单命令；

（2）单击"绘图工具栏"中的"正多边形"按钮⬠；

（3）输入命令：POLYGON（POL）。

启用"正多边形"的命令后，命令行提示如下。

命令：_polygon

输入边的数目<4>：（指定多边形的边数，默认值为 4）

指定正多边形的中心点或〔边（E）〕：（指定中心点）

输入选项〔内接于圆（I）/外切于圆（C）〕<I>：（指定是内接于圆或外切于圆）

指定圆的半径：（指定内接于圆或外切于圆的半径）

选项说明：

如果选择"边"选项，则只要指定多边形的一条边，系统就会按逆时针方向创建该正多边形。

【例 3.14】 已知中心坐标为（80，80），圆的半径为 50，分别绘制内接于圆的正六边形与外接于圆的正六边形，如图 3-18、图 3-19 所示。

命令：_polygon（选择绘制正多边形的命令）

输入边的数目<4>：6↙（输入多边形的边数）

指定正多边形的中心点或〔边（E）〕：80，80↙（输入中心点坐标）

输入选项〔内接于圆（I）/外切于圆（C）〕<I>：I↙（输入 I 选择"内接于圆"选项）

指定圆的半径：50↙（输入内接于圆的半径值）

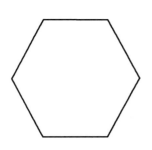 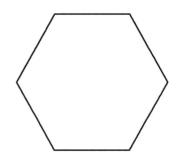

图 3-18　绘制内接于圆的正六边形　　　　图 3-19　绘制外切于圆的正六边形

3.5　绘制多段线和样条曲线

3.5.1　绘制多段线

多段线是由线段和圆弧构成的连续线段组，是一个单独图形对象。在绘制过程中，用户可以随意设置线宽。启用绘制"多段线"命令常用三种方法。

（1）"绘图（D）" → "多段线"菜单命令；

（2）单击"绘图工具栏"中的"多段线"按钮⤵；

（3）输入命令：PLINE（PL）。

启用"多段线"命令后，命令行提示如下。

命令：_pline

指定起点：

当前线宽为 0.0000

指定下一个点或〔圆弧（A）/半宽（H）/长度（L）/放弃（U）/宽度（W）〕:

选项说明：

① 指定下一点：该选项为默认选项。指定多段线下一点，生成一段直线。也可选择"圆弧（A）"，系统给出绘制圆弧的提示。

指定圆弧的端点或〔角度（A）/圆心（CE）/闭合（CL）/方向（D）/半宽（H）/直线（L）/半径（R）/第二个点（S）/放弃（U）/宽度（W）〕:

② 圆弧（A）　用于绘制圆弧并添加到多段线中，绘制的圆弧与上一线段相切。

③ 长度（L）　给定所绘制直线的长度。

④ 半宽（H）或宽度（W）　给定所绘制直线或圆弧的一半线宽（或线宽）。

⑤ 闭合（CL）　从当前位置到多段线的起始点绘制一条直线段用以闭合多段线。

⑥ 角度（A）　指定圆弧线段从起始点开始的包含角。

⑦ 方向（D）　用于指定弧线段的起始方向。绘图过程中可以用鼠标单击，来确定圆弧的弦方向。

⑧ 直线（L）　用于退出绘制圆弧选项，返回绘制直线的初始提示。

⑨ 半径（R）　用于指定圆弧线段的半径。

⑩ 第二个点（S）　用于指定三点圆弧的第二点和端点。

⑪ 放弃（U）　删除最近一次添加到多段线上的圆弧线段或直线段。

【例 3.15】已知 A 点的坐标为（5，5），B 点的坐标为（10，8），直线 AB 的线宽为 0；圆弧 BC 的线宽为 0，C 点的坐标为（14，7）；圆弧 CD 的圆心为（17，5），包含角为 120°，其线宽从 0 渐变到 0.5；圆弧 DE 包角为 60°，半径为 5，圆弧 DE 弦方向角为 30°，且线宽保持 0.5 不变；圆弧 EF 圆心为（20，10），弦长为 6，其线宽由 0.5 渐变到 0；圆弧 FG 的起点切向角为 120°，G 点坐标为（16，12）；直线 GF 的线宽由 1.5 渐变到 0，其长度为 10。根据已知条件绘制闭合多段线，如图 3-20 所示。

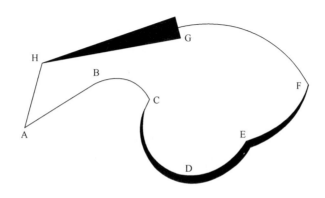

图 3-20　绘制多段线

命令：_pline（选择多段线命令）

指定起点：5，5（输入起点 A 的坐标）

当前线宽为 0.0000

指定下一个点或〔圆弧（A）/半宽（H）/长度（L）/放弃（U）/宽度（W）〕: 10，8（输入 B 点坐标）

指定下一个点或〔圆弧（A）/半宽（H）/长度（L）/放弃（U）/宽度（W）〕: A↙（输入 A 选择"圆弧"选项）

指定圆弧的端点或〔角度（A）/圆心（CE）/闭合（CL）/方向（D）/半宽（H）/直线（L）/半径（R）/第二个点（S）/放弃（U）/宽度（W）〕: 14，7（输入 C 点坐标,确定 BC 弧）

指定圆弧的端点或〔角度（A）/圆心（CE）/闭合（CL）/方向（D）/半宽（H）/直线（L）/半径（R）/第二个点（S）/放弃（U）/宽度（W）〕: W↙（输入 W 选择"宽度"选项）

指定起点宽度<0.0000>: ↙0（输入起点宽度 0）

指定端点宽度<0.0000>: 0.5↙（输入终点宽度 0.5）

指定圆弧的端点或〔角度（A）/圆心（CE）/闭合（CL）/方向（D）/半宽（H）/直线（L）/半径（R）/第二个点（S）/放弃（U）/宽度（W）〕: A↙（输入 A 选择"角度"选项）

指定包含角：120（输入圆弧的包含角度值）

指定圆弧的端点或〔圆心（CE）/半径（R）〕: CE（输入 CE 选择"圆心"选项，按↙键）

指定圆弧的圆心：17，5（输入圆心的坐标）

指定圆弧的端点或〔角度（A）/圆心（CE）/闭合（CL）/方向（D）/半宽（H）/直线（L）/半径（R）/第二个点（S）/放弃（U）/宽度（W）〕: A↙（输入 A 选择"角度"选项）

指定包含角：60（输入圆弧的包含角度值）

指定圆弧的端点或〔圆心（CE）/半径（R）〕: R（输入 R 选择"半径"选项）

指定圆弧的半径：5（输入圆的半径值）

指定圆弧的弦方向<356>: 30（输入圆弧弦方向值）

指定圆弧的端点或〔角度（A）/圆心（CE）/闭合（CL）/方向（D）/半宽（H）/直线（L）/半径（R）/第二个点（S）/放弃（U）/宽度（W）〕: W↙（输入 W 选择"宽度"选项）

指定起点宽度<0.5000>: 0.5↙（输入起点宽度 0.5）

指定端点宽度<0.5000>: 0↙（输入终点宽度 0）

指定圆弧的端点或〔角度（A）/圆心（CE）/闭合（CL）/方向（D）/半宽（H）/直线（L）/半径（R）/第二个点（S）/放弃（U）/宽度（W）〕: CE↙（输入 CE 选择"圆心"选项）

指定圆弧的圆心：20，10（输入圆心的坐标）

指定圆弧的端点或〔角度（A）/长度（L）〕: L↙（输入 L 选择"长度"选项）

指定弦长：6（输入弦长值）

指定圆弧的端点或〔角度（A）/圆心（CE）/闭合（CL）/方向（D）/半宽（H）/直线（L）/半径（R）/第二个点（S）/放弃（U）/宽度（W）〕: D↙（输入 D 选择"方向"选项）

指定圆弧的起点切向：120（输入切向值）

指定圆弧的端点：<坐标开>16,12✓（输入 G 点坐标）

指定圆弧的端点或〔角度（A）/圆心（CE）/闭合（CL）/方向（D）/半宽（H）/直线（L）/半径（R）/第二个点（S）/放弃（U）/宽度（W）〕：W✓（输入 W 选择"宽度"选项）

指定起点宽度<0.0000>：1.5✓（输入起点宽度 1.5）

指定端点宽度<1.5000>：0✓（输入终点宽度 0）

指定圆弧的端点或〔角度（A）/圆心（CE）/闭合（CL）/方向（D）/半宽（H）/直线（L）/半径（R）/第二个点（S）/放弃（U）/宽度（W）〕：L✓（输入 L 选择"直线"选项）

指定直线的长度：10（输入直线长度值）

指定下一个点或〔圆弧（A）/闭合（C）/半宽（H）/长度（L）/放弃（U）/宽度（W）〕：C✓（输入 C，按✓形成闭合多段线）

【例 3.16】 剖切符号

剖切符号：在绘制剖视图和断面图中，表达剖切的起止位置以及投视方向的符号，由粗实线、细实线和箭头组成，其中表示剖切起止的线段用粗实线长度为 5～10mm，投射方向的线用细实线，符号为箭头，其长度 L≥6d(d 为粗实线宽度)。一般 L 取 3～4mm，如图 3-21 所示。

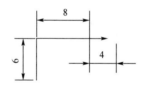

图 3-21　剖切符号

启动多段线命令的方式有以下三种。

（1）菜单方式"绘图"→"多段线"；

（2）单击绘图工具栏上的按钮 ⌐ ；

（3）在命令行输入 Pline 命令。

绘图准备，单击状态栏中"正交"按钮，命令提示区出现正交开。W 可以控制直线起点和终点的线宽，冒号后面的内容为键盘输入内容，绘图过程如下。

命令：pline

指定起点：

当前线宽为 0.0000

指定下一个点或 [圆弧(A)/半宽(H)/长度(L)/放弃(U)/宽度(W)]：w

指定起点宽度 <0.0000>：1

指定端点宽度 <1.0000>:1

指定下一个点或 [圆弧(A)/半宽(H)/长度(L)/放弃(U)/宽度(W)]：6

指定下一点或 [圆弧(A)/闭合(C)/半宽(H)/长度(L)/放弃(U)/宽度(W)]：w

指定起点宽度 <1.0000>：0.25

指定端点宽度 <0.2500>:0.25

指定下一点或 [圆弧(A)/闭合(C)/半宽(H)/长度(L)/放弃(U)/宽度(W)]: 8

指定下一点或 [圆弧(A)/闭合(C)/半宽(H)/长度(L)/放弃(U)/宽度(W)]: w

指定起点宽度 <0.2500>:1

指定端点宽度 <2.0000>: 0

指定下一点或 [圆弧(A)/闭合(C)/半宽(H)/长度(L)/放弃(U)/宽度(W)]: 4

指定下一点或 [圆弧(A)/闭合(C)/半宽(H)/长度(L)/放弃(U)/宽度(W)]:

【例 3.17】 键槽

轴类零件上的典型连接结构，可以将轴与齿轮、带轮组成可拆卸连接，一般属于轴类零件的轮廓部分，应该用粗实线画出，如图 3-22 所示。

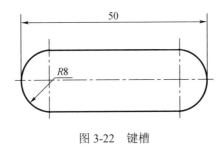

图 3-22　键槽

命令: pline

指定起点:<正交 开>

当前线宽为 0.0000

指定下一个点或 [圆弧(A)/半宽(H)/长度(L)/放弃(U)/宽度(W)]: 34

指定下一点或 [圆弧(A)/闭合(C)/半宽(H)/长度(L)/放弃(U)/宽度(W)]: A

指定圆弧的端点或

[角度(A)/圆心(CE)/闭合(CL)/方向(D)/半宽(H)/直线(L)/半径(R)/第二个点(S)/放弃(U)/宽度(W)]: 16

指定圆弧的端点或

[角度(A)/圆心(CE)/闭合(CL)/方向(D)/半宽(H)/直线(L)/半径(R)/第二个点(S)/放弃(U)/宽度(W)]: L

指定下一点或 [圆弧(A)/闭合(C)/半宽(H)/长度(L)/放弃(U)/宽度(W)]: 34

指定下一点或 [圆弧(A)/闭合(C)/半宽(H)/长度(L)/放弃(U)/宽度(W)]: A

指定圆弧的端点或

[角度(A)/圆心(CE)/闭合(CL)/方向(D)/半宽(H)/直线(L)/半径(R)/第二个点(S)/放弃(U)/宽度(W)]: CL

3.5.2　绘制样条曲线

样条曲线常用于绘制不规则零件轮廓，例如零件断裂处的边界。启用绘制"样条曲线"命令常用两种方法。

（1）"绘图（D）" → "样条曲线"菜单命令；

（2）单击"绘图工具栏"中的"样条曲线"按钮 ；

（3）输入命令：SPLINE（SPL）。

启用"样条曲线"命令后，命令行提示如下。

命令：_spline

指定第一个点或〔对象（O）〕:（指定一个点或选择"对象（O）"选项）

指定下一点:（指定一点）

指定下一点或〔闭合（C）/拟合公差（F）〕<起点切向>:

选项说明：

① 对象（O）　将通过"编辑多段线（PEDIT）"命令绘制的多段线转化为样条曲线。

② 闭合（C）　用于绘制形成一条首尾相连的闭合样条曲线。

③ 拟合公差（F）　用于设置样条曲线拟合的公差。拟合公差表示样条曲线输入点之间所允许偏移的最大距离，即拟合精度。公差值越小，样条曲线与拟合点越接近。公差为0，样条曲线将通过该点。输入大于0的公差值时，将使样条曲线在指定的公差范围内通过拟合点。在绘制样条曲线时，可以通过改变曲线拟合公差以查看效果。

④ <起点切向>　定义样条曲线的第一点和最后一点的切向。

【例3.18】　过点 A（20，20）、B（40，50）、C（60，10）、D（80，40）、E（100，20）、F（120，80）绘制样条曲线，如图3-23所示。

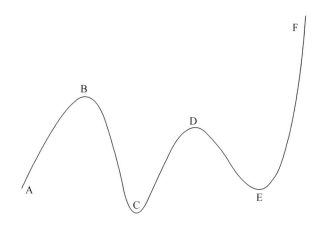

图3-23　绘制样条曲线

命令：_spline（选择样条曲线命令）

指定第一个点或〔对象（O）〕: 20，20↙（输入A点坐标）

指定下一点: 40，50↙（输入B点坐标）

指定下一点或〔闭合（C）/拟合公差（F）〕<起点切向>: 60，10↙（输入C点坐标）

指定下一点或〔闭合（C）/拟合公差（F）〕<起点切向>: 80，40↙（输入D点坐标）

指定下一点或〔闭合（C）/拟合公差（F）〕<起点切向>: 100，20↙（输入E点坐标）

指定下一点或〔闭合（C）/拟合公差（F）〕<起点切向>: 120，80↙（输入F点坐标）

指定下一点或〔闭合（C）/拟合公差（F）〕<起点切向>: ↙

指定起点切向: ↙（指定一方向为样条曲线起点A的切向）

指定端点切向: ↙（指定一方向为样条曲线端点B的切向）

3.6　思考与练习

3.6.1　思考题

1．可以用哪些方法指定直线的端点？

2．要绘制两个圆的公切圆（已知半径），应选择"圆"命令中的哪个选项？

3．分别用"直线"和"矩形"命令绘制矩形，观察有什么不同。

4．圆在放大时，显示为多边形的情况怎样解决？

5．分析比较"比例缩放"命令、"拉伸"命令、"延长"命令、"修剪"命令、"延伸"命令、"打断"命令改变已经画出对象大小或长度的特点。

6．分析比较"撤消"命令、"恢复"命令、"镜像"命令、"修剪"命令的删除功能。

7．分析比较"复制"命令的多重复制选项与"阵列"命令的区别。

8．分析比较"修剪"命令、"画倒角"命令、"画圆角"命令、"打断"命令的修剪功能。

9．移动及复制对象时，可通过哪两种方式指定对象位移的距离和方向？

10．如果要将直线在同一点打断，应该怎样操作？

11．使用拉伸命令时，如何选择对象？

3.6.2　基础操作题

1．绘制如图 3-24 所示的平面图形（不标注尺寸），并保存。

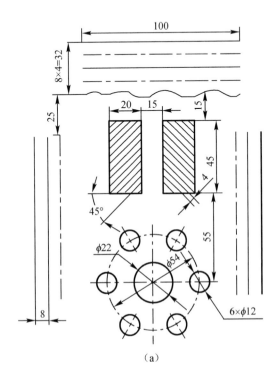

（a）

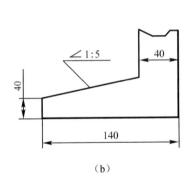

（b）

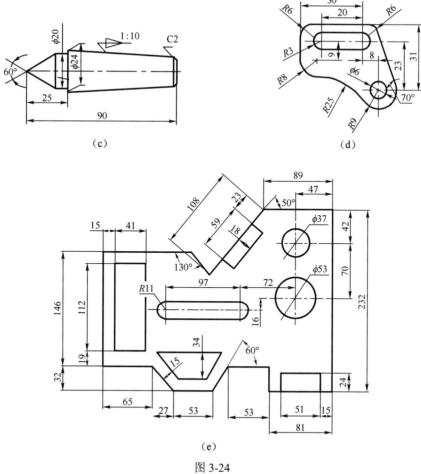

（c）

（d）

（e）

图 3-24

2．绘制如图 3-25(a)、（b）所示的平面图形（不标注尺寸），并保存。

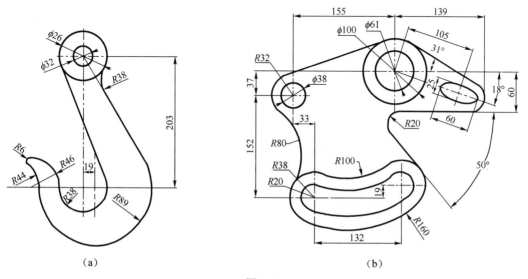

（a）

（b）

图 3-25

3. 抄图练习。绘制如图 3-26 所示的平面图形（不标注尺寸），并保存。

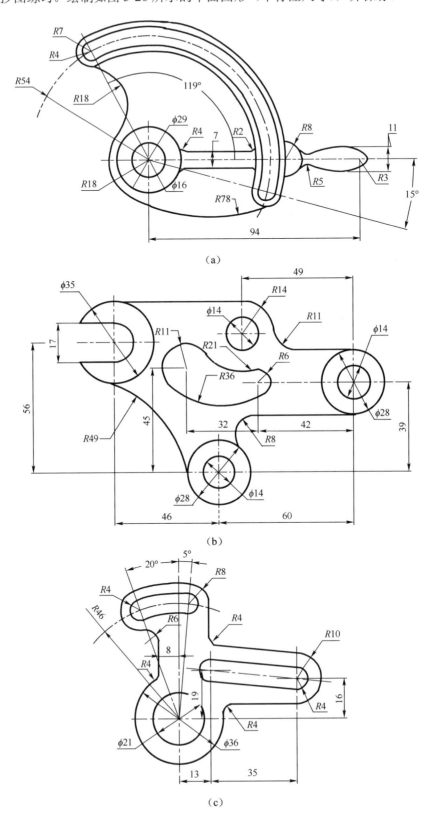

（a）

（b）

（c）

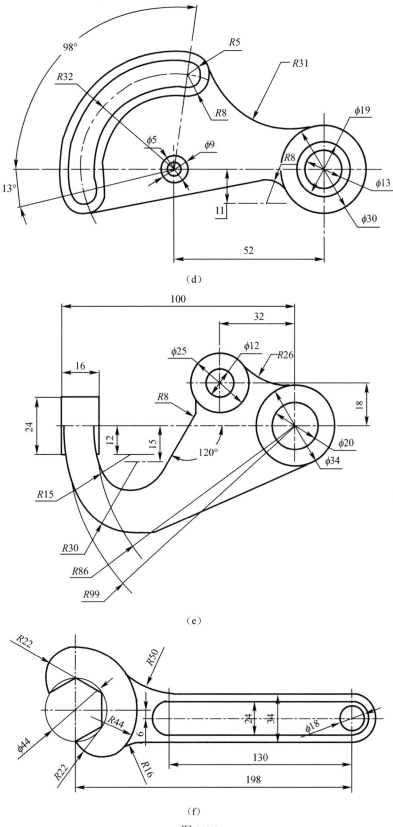

（d）

（e）

（f）

图 3-26

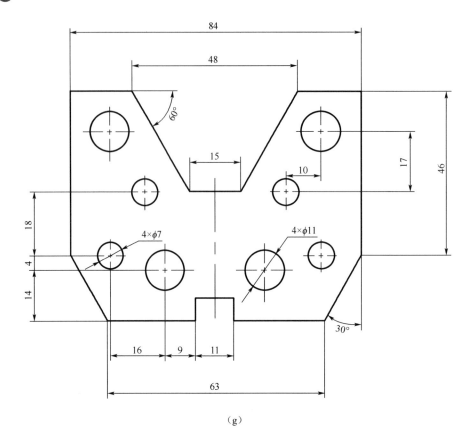

（g）

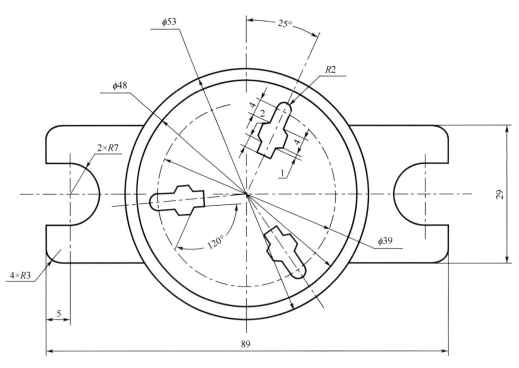

（h）

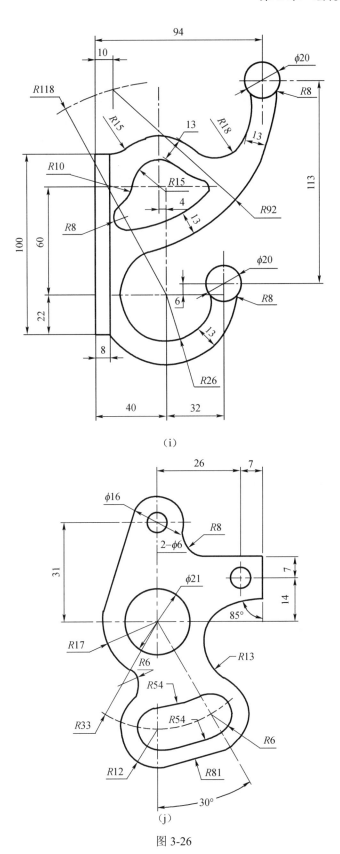

（i）

（j）

图 3-26

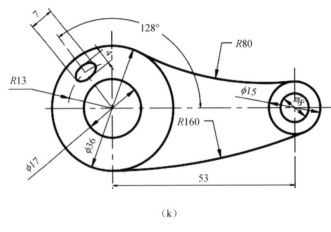

（k）

图 3-26

4．圆弧、圆、椭圆命令练习，如图 3-27 所示。

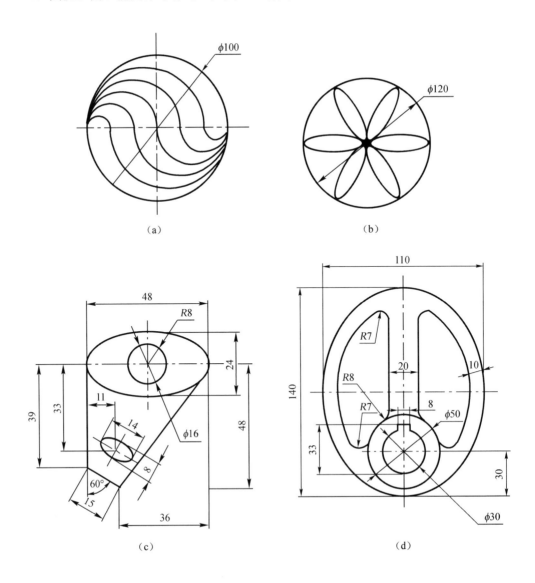

（a）

（b）

（c）

（d）

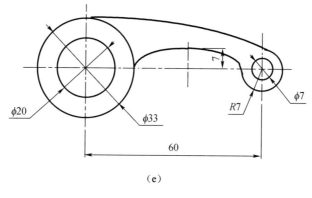

（e）

图 3-27

5. 矩形、正多边形命令练习，如图 3-28 所示。

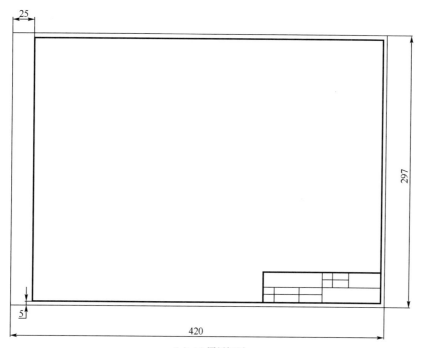

（a）A3 图纸幅面

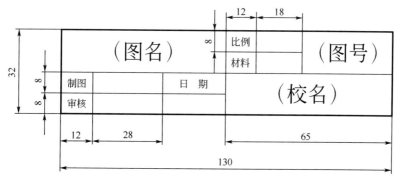

（b）绘制标题栏

图 3-28

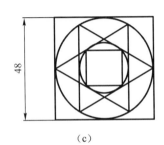

（c）

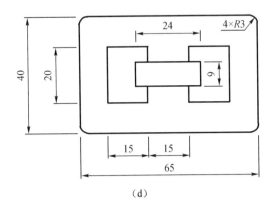

（d）

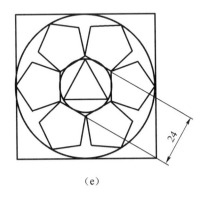

（e）

图 3-28

6. 多段线命令练习，如图 3-29 所示。

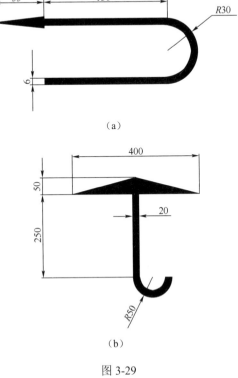

（a）

（b）

图 3-29

3.6.3　强化·提高·应用

绘制如图 3-30 所示的平面图形（不标注尺寸）。

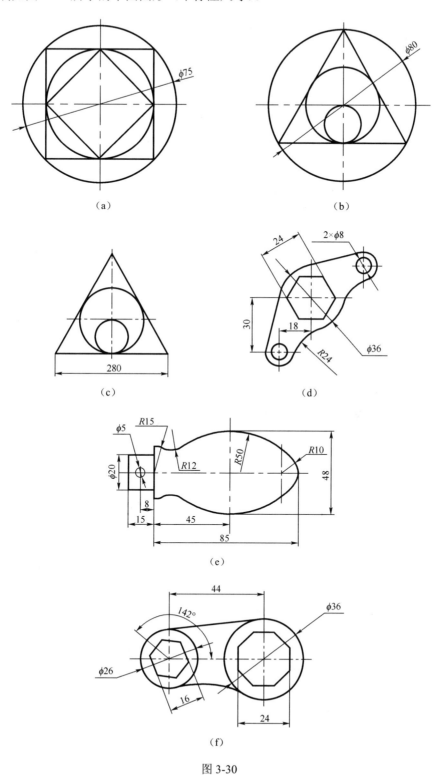

图 3-30

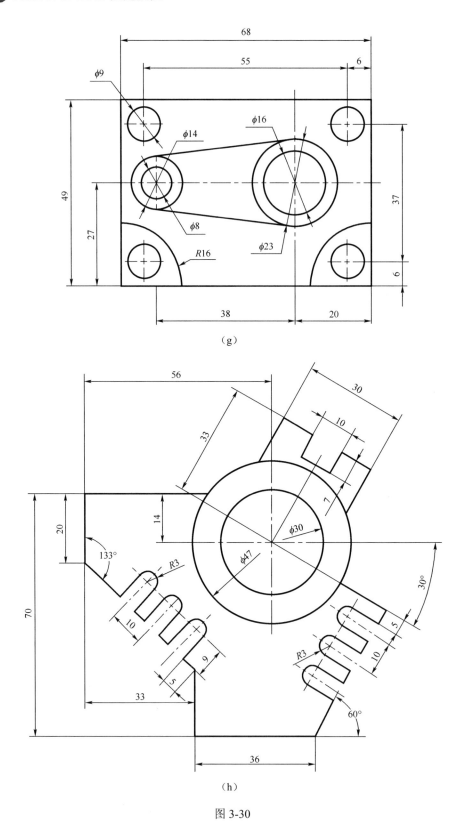

（g）

（h）

图 3-30

第**4**章 ▷▷▷ ▶▶▶
二维图形的编辑

图形编辑是对已有的图形进行修改、移动、复制和删除。AutoCAD 具有强大的编辑功能，在实际绘图中，绘图命令和编辑命令交替使用，可以大大节省绘图时间。

二维图形编辑命令的菜单操作主要集中在菜单栏中"修改"菜单中，如图 4-1 所示。AutoCAD 经典空间提供了若干个形象化的按钮，如图 4-2 所示。

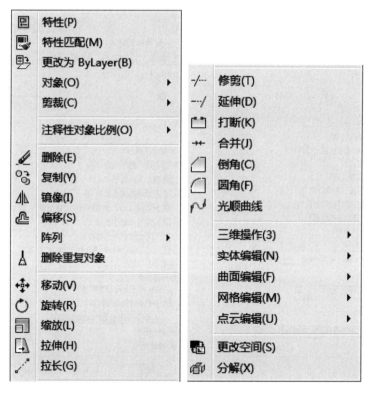

图 4-1 "修改"菜单

图 4-2 "修改"工具栏

4.1 选择对象的方法

在对图形进行编辑操作之前，首先要选择单个或多个要编辑的实体，然后按提示进行编辑。

实体是指所绘工程图中的图形、文字、尺寸、剖面图等。用一个命令画出的图形或写出的文字，可能是一个实体，也可能是多个实体。例如：用单行文字命令一次所注写的文字每行是一个实体，而用多行文字命令所注写的文字无论多少行都是一个实体。

在 AutoCAD 中进行每一个编辑操作时都需要确定操作对象，也就是要明确对哪一个或哪一些实体进行编辑，此时，命令行会提示"选择对象"，屏幕上的十字光标变成了一个活动的小方框，这个小方框被称为"对象拾取框"。选择对象的方法很多，常用的有以下三种。

（1）拾取框选择　该方式一次只选一个实体。在出现"选择对象"提示时直接移动鼠标，让对象拾取框移到所选择的实体上并单击鼠标左键，该实体变成虚像显示，即被选中。

拾取框的大小可以通过菜单栏中"工具"→"选项"→"选择集"或命令行中输入 Options 设置，利用该选项卡可以设置选择模式和拾取框夹点的大小和颜色，如图 4-3 所示。

图 4-3 "选项"对话框中的"选择集"选择卡

在"选择集"中的每个功能组的解释如下。

① "拾取框大小"选项区域　控制拾取框的显示尺寸，拖动滑块即可调整。

② "选择集模式"选项区域　用来控制与对象选择方式相关的设置。

③"先选择后执行" 允许启动命令之前选择对象。

④"对象编组" 选择编组中的一个对象就选择了编组中的所有对象。使用 Group 命令，可以命令或创建一组选择对象。

⑤"关联图案填充" 确定选择关联填充时将选定某些对象。若勾选，那么选择关联填充时，也选定边界对象。

⑥"隐含选择窗口中的对象" 在对象外选择了一点时，初始化选择窗口中的图形。从左向右绘制选择窗口时，选择窗口将选择完全处于窗口边界内的对象，从右向左绘制选择窗口时，将会选择处于窗口边界相交的对象。

⑦"允许按住并拖动对象" 控制窗口选择方法。

⑧"允许按住并拖动套索" 控制套索选择方法。

⑨"窗口选择方法" 按住并拖动，通过选择一点，然后将定点设备拖动至第二点来绘制窗口。

⑩"夹点"选项区域 控制与夹点相关的设置。提示：在对象被选中之后，其上将显示出夹点，即一些小方块。

⑪"夹点颜色"按钮 单击该按钮，打开"夹点颜色"对话框，如图 4-4 所示，设置四种颜色。

图 4-4 "夹点颜色"对话框

⑫"显示夹点" 选择对象时在对象显示夹点。通过选择夹点和使用快捷菜单，可用夹点来编辑对象。在图形中显示夹点会明显降低性能，反之不选择此选项，可以优化性能。

⑬"在块中显示夹点" 控制在选中块后如何在块上显示夹点，选中该选项，将会显示块中每个对象的所有夹点；若取消该选项，将会在块的插入点处显示一个夹点。用过选择夹点和使用快捷菜单，就可以用夹点编辑对象。

⑭"显示夹点提示" 当光标悬停在支持夹点提示的自定义对象的夹点上，会显示夹点的特定提示。此选项对标准对象无效。

⑮"选择对象时限制显示的夹点数" 当选择集包括多于指定数目的对象时，就不会显示夹点，有效值的范围是 1~32767，并且只能是整数，系统默认设置是 100。

⑯"选择集预览"选项区域 设置当拾取框光标滚动经过对象时亮显对象，并能设置

选择预览的外观。

⑰"命令处于活动状态时"　选中该复选框，只有当某个命令处于活动状态并显示"选择对象"时，才能选择预览。

⑱"未激活任何命令时"　选中该复选框，即使未激活任何命令，也可以显示选择预览。

（2）W 窗口方式　该方式选中完全在窗口内的实体，在出现"选择对象"提示时，自左向右拖动鼠标给出矩形窗口的两对角点，完全处于窗口内的实体变成虚像显示，即被选中，如图 4-5 所示。

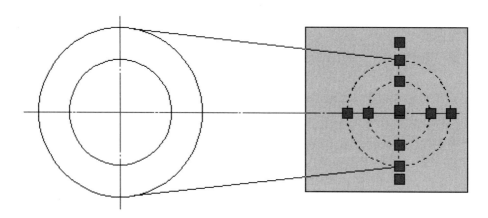

图 4-5　W 窗口方式

（3）C 交叉窗口方式　该方式选中完全和部分在窗口内的所有实体。在出现"选择对象"提示时，自右向左拖动鼠标给出矩形窗口的两对角点，完全和部分处于窗口内的所有实体都变成虚像显示，即被选中，如图 4-6 所示。

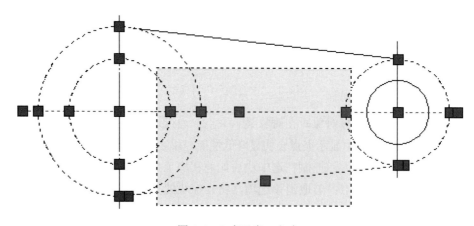

图 4-6　C 交叉窗口方式

提示：可以通过锁定图层来防止该图层上的对象被选中和修改，锁定图层后仍然可以进行其他操作。例如：可以使锁定图层作为当前图层，并为其添加对象；也可以使用对象捕捉指定锁定图层中对象上的点；更改锁定图层上对象的绘制次序。

4.2　调整对象位置

在 AutoCAD 中绘图，若需改变对象的位置，只需用"移动""旋转""对齐"命令就可以将图形进行重新定位，下面分别介绍。

4.2.1　"移动"命令

"移动"命令的功能是将选中的对象在指定方向上移动指定距离，使用坐标、栅格捕捉、对象捕捉和其他工具可以精确移动对象，即从当前位置平行移动到指定的新位置，如图 4-7 所示。启用"移动"命令有三种方法。

（1）"修改"→"移动"菜单命令；

（2）"修改"工具栏中单击"移动"按钮 ；

（3）输入命令：MOVE（M）。

启用"移动"命令后，命令行提示如下。

选择对象：（用拾取框选择图） ↙

指定基点或位移：（捕捉"A"点，即位移第一点），指定位移第二点或<用第一点作位移>，（捕捉"B"点）。↙

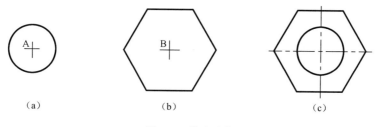

（a）　　　　　　（b）　　　　　　（c）

图 4-7　移动对象

提示：移动是以基点为平移起点，以目的点为终点，将所选对象平移到新位置。

4.2.2　"旋转"命令

"旋转"命令的功能是将选中的对象绕指定的基点旋转给定的角度，以便调整对象位置。启用"旋转"命令有以下三种方法。

（1）"修改"→"旋转"菜单命令；

（2）"修改"工具栏中单击"旋转"按钮 ；

（3）输入命令：ROTATE（Ro）。

启用"旋转"命令后，选择不同选项，可进入不同的旋转方式。

（1）给定旋转角方式　启用"旋转"命令后，命令行提示如下。

选择对象：（用拾取框选择图） ↙

指定基点：（捕捉基点"A"） ↙

指定旋转角度或[复制（C）参照（R）]：〈0〉120 ↙（逆时针旋转角度值为正，顺时针旋转角度值为负）如图 4-8（a）、（b）所示。

（2）复制（C）方式　启用"旋转"命令后，命令行提示如下。

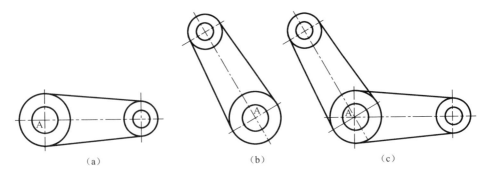

（a）　　　　　　　　　　（b）　　　　　　　　　　（c）

图 4-8　旋转对象

选择对象:（用拾取框选择图 ）　↙

指定基点:（捕捉基点"A"）　↙

指定旋转角度或[复制（C）参照（R）]: C　↙

如图 4-8（c）所示。

4.2.3　"对齐"命令

"对齐"命令的功能是同时对选定的对象进行平移或缩放，使其与指定的对象和目标对齐。此命令既适用于二维对象，也适用于三维对象。根据需要也可用一点对齐、两点对齐、三点对齐，如图 4-9 所示管道间法兰盘的对齐。启用"对齐"命令有两种方法。

（1）"修改"→"三维操作"→"对齐"菜单命令；

（2）"修改"→"三维操作"→"对齐" 🔲；

（3）输入命令：ALIGN（Al）

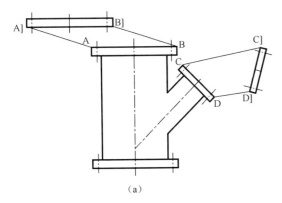

（a）　　　　　　　　　　　　　　　　　　　　（b）

图 4-9　对齐对象

启用"对齐"命令后，命令行提示如下。

选择对象:（选择要对齐的对象）　↙

指定第一个源点:（捕捉源点 A1）

指定第一个目标点:（捕捉目标点 A）

指定第二个源点:（捕捉源点 B1）

指定第二个目标点:（捕捉目标点 B）

指定第三个源点或〈继续〉: ↙（结束捕捉点）

是否基于对齐点缩放对象? [是（Y）/否（N）]〈否〉: y ↙（缩放要对齐的对象）

提示:

① 一点对齐只平移选择的对象，使选择的对象从第一源点平移到指定的第一目标点。

② 两点对齐，如要缩放选择的对象时，第一目标点为基点，第一源点与第二源点间距为参考长度，第一目标点和第二目标点间距为新长度；如不缩放选择的对象时，只根据两点对齐，如图 4-9 所示。

③ 三点对齐时，只根据三点对齐，不缩放选择的对象。

4.3　利用一个对象生成多个对象

在 AutoCAD 中绘图，图样中相同或相似的部分一般只画一次，而用编辑命令复制、镜像、偏移、阵列绘制出其他。不同的情况应使用不同的命令。

4.3.1　复制对象

使用"复制"命令可以把选中的对象复制到指定方向上的指定距离位置，使用 COPYMODE 系统变量，可以控制是否自动创建多个副本。既可以复制一次，也可复制多次，如图 4-10 所示。启用"复制"命令有三种方法。

（1）"修改"→"复制" 菜单命令；

（2）"修改"工具栏中单击"复制"按钮 ；

（3）输入命令：COPY （CO）。

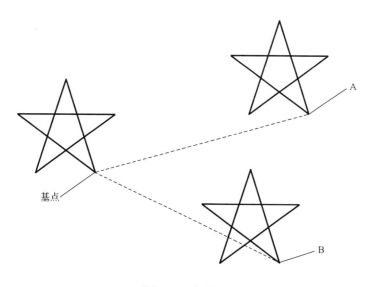

图 4-10　复制对象

启用"复制"命令后，命令行提示如下。

选择对象:（选择要复制的对象）　✓

指定基点或〔位移（D）/模式（O）〕〈位移〉:（给定基点）　✓

指定第二点或〈使用第一个点作为位移〉:（给定终点，如"A"或"B"）✓

提示:

"复制"命令的本质是把选中的对象从起点复制到终点，起点称为基点（位移的第一点），终点称为位移的第二点，如 A、B。

基点可以选在图上的任何位置，一般把基点的位置选在图形的特殊点上。

4.3.2　镜像对象

使用"镜像"命令可以创建选定对象的镜像副本，可以创建表示半个图形的对象，选择这些对象并沿指定的线进行镜像以创建另一半，即把选择的对象按指定的对称轴（镜像线）镜像复制，生成的图形与原图形关于对称轴对称。对于对称的图形，一般只画一半，然后用镜像命令复制出另一半，如图 4-11 所示。启用"镜像"命令有三种方法。

（1）"修改"→"镜像" 菜单命令；

（2）"修改"工具栏中单击"镜像"按钮 △∥；

（3）输入命令：MIRROR（MI）。

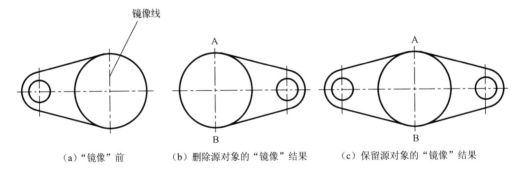

|（a）"镜像"前|（b）删除源对象的"镜像"结果|（c）保留源对象的"镜像"结果|

图 4-11　镜像对象

启用"镜像"命令后，命令行提示如下。

选择对象:（选择要镜像的对象）　✓

指定镜像线的第一点:（指定对称轴上的一点，如 A）

指定镜像线的第二点:（指定对称轴上的另一点，如 B）

要删除源对象吗? [是（Y）/否（N）]（N）（进行选择）　✓

提示:

"Y"表示要删除源对象，如图 4-11（b）所示。

"N"表示不删除源对象，如图 4-11（c）所示。

4.3.3　偏移对象

使用"偏移"命令可以创建与选定对象平行的新对象。可以偏移的对象包括直线、圆弧、圆、二维多段线、椭圆、椭圆弧、参照线、样条曲线等。对已知间距的平行线，较复杂的类似形结构，可以画出一个，用偏移命令画其他，如图 4-12 所示。启用"偏移"命令有三种方法。

（1）"修改"→"偏移" 菜单命令；

（2）单击"修改"工具栏中"偏移"按钮 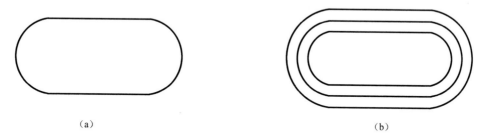；

（3）输入命令：OFFSET （O）。

（a）　　　　　　　　　　　　　　　　（b）

图 4-12　偏移对象

启用"偏移"命令后，命令行提示如下。

指定偏移距离或〔通过（T）/删除（E）/图层（L）〕<1，0000>（给定偏移距离值）✓

选择要偏移的对象或〔退出（E）/放弃（U）〕<退出>:（选择要偏移的对象）✓

指定要偏移的那一侧上的点，或〔退出（E）/多个（M）放弃（U）〕<退出>（给定一点确定偏移方位）✓

选项说明：

① 通过（T）输入"T"，则需指定偏移要通过的点。

② 删除（E）在命令行输入 E，命令行显示"要在偏移后删除源对象吗？"输入 Y 或 N 来确定是否要删除源对象。

③ 图层（L）在命令行输入 L，选择要偏移的对象的图层。

提示：该命令在选择对象时只能以"拾取框选择"，即一次只能选一个。

【**例 4.1**】　斜齿圆柱齿轮

作图步骤如下。

① 作出点画线确定圆心。

② 打开"对象捕捉"→"极轴追踪"，作出齿顶圆、齿根圆、分度圆，如图 4-13（a）所示。

③ 用画圆、偏移、修剪、拉长命令作出图 4-13（c）。用移动命令把（c）图移到（a）图圆心处，高平齐作出相关的结构线。

④ 用复制、偏移命令作出轮齿外形图 4-13（b）。

⑤ 标注尺寸、剖面线学完下一章作出，图 4-13（d）。

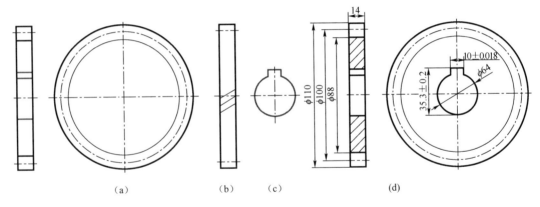

图 4-13　斜齿圆柱齿轮

4.3.4　阵列对象

"阵列"命令可以按一定的规律复制对象，使其生成矩形或环形阵列图形。对于成行成列或在圆周上均匀分布的多个相同对象，一般画成一个或一组，用阵列命令画出其他。

（1）创建矩形阵列图形　在"阵列"对话框中，系统默认"矩形阵列"。所谓矩形阵列就是将原对象按一定的行距和列距整齐排列。对于创建多个指定间距的对象，矩形阵列比复制的效率更高。

在 AutoCAD 2017 中，矩形阵列将项目分布到任意行、列和层的组合，二维制图中，只需要考虑行和列的相关设置（行间距、行数、列间距、列数），不用考虑层的设置。创建矩形阵列的过程中，拖曳阵列夹点，可增加或减少阵列中行、列数量和间距，如图 4-14 所示。

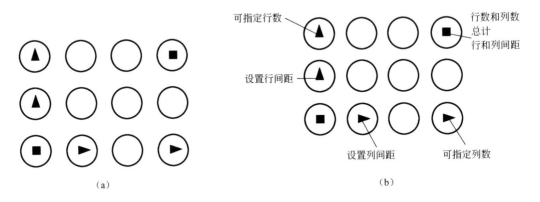

图 4-14　矩形阵列示例

启用"矩形阵列"命令有以下三种方法。

① 切换"草图与注释"工作空间，在功能区"默认"选项卡的"修改"面板中单击"矩形阵列"按钮；

② 单击"修改"工具栏中"阵列"按钮　（二维经典界面）；

③ 输入命令：ARRAY（AR）。

输入阵列命令后，可按如下步骤进行。

① 选择需要排列的对象，按 Enter 键，显示默认的矩形阵列。

② 阵列预览中，拖曳夹点调整间距及行数和列数，或在"阵列"上下文功能区对值进行修改；

③ 在"阵列创建"选项卡里单击"关闭阵列"按钮。

创建矩形阵列，用户也可用命令窗口作相关输入操作或对如图 4-15 所示光标附近的下箭头🔽进行操作。

【例 4.2】 创建圆 4 行 5 列的阵列，如图 4-16 所示。

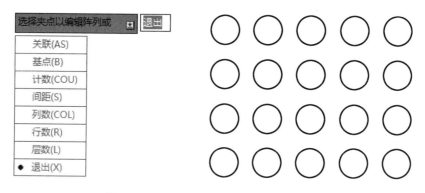

图 4-15 下箭头🔽下拉菜单   图 4-16 圆的矩形阵列

作图步骤如下。

① 新建一个图形文件圆（尺寸不作限制），切换到"草图与注释"工作空间；

② 在功能区"默认"选项卡的"修改"面板中单击"矩形阵列"按钮🔳；

③ 选择要阵列的圆，按 Enter 键；

④ 在"阵列创建"选项卡设置如图 4-17 所示的阵列参数，单击选中"关联"按钮🔳；

⑤ 在"阵列创建"选项卡单击"关闭阵列"按钮。

图 4-17 "阵列创建"选项卡

（2）创建环形阵列 所谓环形阵列，是指可以通过围绕指定的圆心复制选定对象来创建一个环形阵列图形。

操作实例：创建圆的环形阵列。

① 新建一个图形文件，如图 4-18 所示；

② 在功能区"默认"选项卡"修改"面板中单击"环形阵列"按钮▦，或在菜单栏选择"修改"→"阵列"→"环形阵列"；

③ 根据命令行的提示进行以下操作。

命令：_arraypolar

选择对象：找到 1 个

选择对象:

类型 = 极轴　关联 = 否

指定阵列的中心点或 [基点(B)/旋转轴(A)]:

选择夹点以编辑阵列或 [关联(AS)/基点(B)/项目(I)/项目间角度(A)/填充角度(F)/行(ROW)/层(L)/旋转项目(ROT)/退出(X)] <退出>: i

输入阵列中的项目数或 [表达式(E)] <6>: 8

选择夹点以编辑阵列或 [关联(AS)/基点(B)/项目(I)/项目间角度(A)/填充角度(F)/行(ROW)/层(L)/旋转项目(ROT)/退出(X)] <退出>:

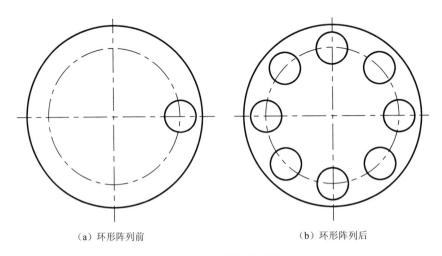

（a）环形阵列前　　　　　　　　　　（b）环形阵列后

图 4-18　环形阵列对象

提示： 若想阵列时旋转项目，可在命题提示行中进行选择，操作如下。

选择夹点以编辑阵列或 [关联(AS)/基点(B)/项目(I)/项目间角度(A)/填充角度(F)/行(ROW)/层(L)/旋转项目(ROT)/退出(X)] <退出>: rot

是否旋转阵列项目？[是(Y)/否(N)] <是>: Y

4.4　调整对象尺寸

在 AutoCAD 中绘图，如果尺寸不符合要求，可以对已有对象进行尺寸调整，使用缩放、拉伸、拉长、修剪、延伸、分解、打断、合并等命令可以改变对象的大小。

4.4.1　缩放对象

"缩放"命令用于使对象整体放大或缩小。可以指定基点和比例因子缩放对象，也可以指定要用作比例因子的长度进行参照缩放。比值大于 1 为放大；比值小于 1 为缩小。

启用"缩放"命令有三种方法。

（1）"修改"→"缩放"菜单命令；

（2）单击"修改"工具栏中"缩放"按钮；

（3）输入命令：SCALE（SC）。

启用"缩放"命令后，选择不同的选项，可进入不同的比例缩放方式。

（1）比例值方式　如图 4-19 所示。

启用"缩放"命令后，命令行提示如下。

选择对象：（选择要缩放的三角形）↙

指定基点：（给定基点 A）↙

指定比例因子或参照（R）：2 ↙

缩放后的效果如图 4-19（b）、（c）所示。

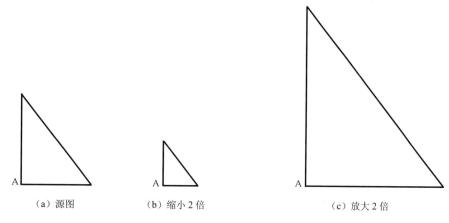

（a）源图　　　　　　（b）缩小 2 倍　　　　　　　　（c）放大 2 倍

图 4-19　比例值方式缩放对象

（2）参照方式　启用"缩放"命令后，命令行提示如下。

选择对象：（选择要缩放的对象）↙

指定基点：（给定基点 B）↙

指定比例因子或[复制（C）/参照（R）]：R↙（选择了参照方式）

指定参照长度<1>：50↙

指定新的长度或[点（P）]：40↙

如图 4-20 所示。

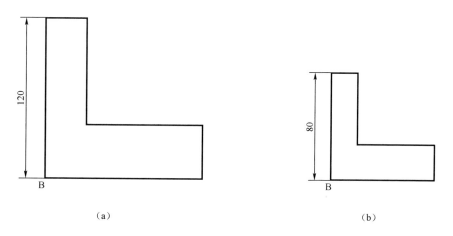

（a）　　　　　　　　　　　　　　　　　（b）

图 4-20　参照方式缩放对象

4.4.2　拉伸对象

在 AutoCAD 中绘图，需要通过平移图形中的某些点调整图形的大小和形状时，可采用"拉伸"命令，如图 4-21 所示。启用"缩放"命令有三种方法。

（1）菜单栏选择"修改"→"拉伸"命令或在功能区"默认"选项卡"修改"面板中单击"拉伸"按钮；

（2）单击"修改"工具栏中"拉伸"按钮；

（3）输入命令：STRETCH（S）。

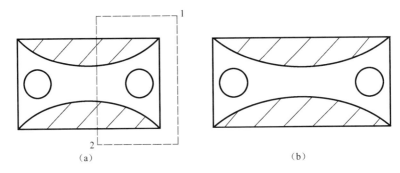

（a）　　　　　　　　　　　　　　　　　（b）

图 4-21　拉伸对象

启用"拉伸"命令后，命令行提示如下。

选择对象:（以窗选或多边形框选的方式选择要拉伸的对象）↙

指定基点或[位移（D）]〈位移〉:（给定基点—拉伸起点）↙

指定第二个点或<使用第一个点作为位移>:（给出点—拉伸终点）

提示:

① 在拉伸操作中，只能以交叉窗口从左向右拖动鼠标，给出矩形窗口的两对角点，呈交叉多边形从右向左拖动鼠标给出矩形窗口的两对角点，选择要拉伸的对象。

② 完全在窗口内的实体在拉伸过程中，只作平移不改变大小；完全在窗口外的实体不作任何改变；和窗口相交的实体被拉伸或压缩。

③ 直线、圆弧、多段线、图案填充等对象都可以拉伸，而点、圆、椭圆、文本和图块不能拉伸。

4.4.3　拉长对象

使用"拉长"命令，可以改变选中对象的长度，并按指定的方式拉长或缩短选中的对象，如图 4-22 所示。启用"拉长"命令有以下两种方法。

（1）"菜单栏"→"修改"→"拉长"命令；

（2）输入命令：LENGTHEN（LEN）。

启用"拉长"命令后，命令行提示如下。

选择对象或〔增量（DE）／百分数（P）／全部（T）／动态（DY）]: de　↙(选择增量方式)

输入长度增量或[角度（A）]〈0，0000〉：5　↙（给出长度增量值）

选择要修改的对象或[放弃（u）]：（单击需拉长的点画线）

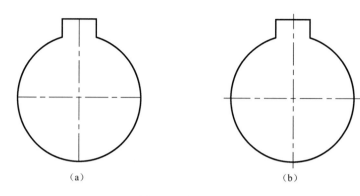

（a）　　　　　　　　　　　　　　（b）

图 4-22　拉长对象

选项说明：

① 增量（DE）　按指定的增量修改对象的长度或圆弧的包含角，增量值是从距离选择点最近的端点处开始测量。正值为扩展对象，负值为修剪对象。

② 百分数（P）　通过指定对象总长度的百分数设置对象长度。例如输入 50 将使新的对象缩短一半，输入 200 则使选定对象的长度加倍。百分数也按照圆弧总包含角的指定百分比修改圆弧角度。

③ 全部（T）　通过指定从固定端点测量的总长度的绝对值来设置选定对象的长度。

④ 动态（DY）　打开动态拖动模式，通过拖动选定对象的一个端点来改变其长度，另一个端点保持不变。

4.4.4　删除对象

“删除”命令的功能类似于橡皮。启用“删除”命令有以下三种方法。

（1）菜单栏→“修改”→“删除”菜单命令；

（2）“修改”工具栏中单击“删除”按钮 🖉；

（3）输入命令：ERASE （E）。

启用“删除”命令后，命令行提示如下。

选择对象：（选择需删除的对象）↙（可继续重复）

4.4.5　修剪对象

“修剪”命令的功能可以以某一对象为剪切边修剪其他对象。启用“修剪”命令有三种方法。

（1）菜单栏→“修改”→“修剪”菜单命令；

（2）“修改”工具栏中单击“修剪”按钮 ✂；

（3）输入命令：TRIM（TR）或者输入 TR+两次回车（空格）。

启用“修剪”命令后，命令行提示如下。

选择对象:（选择边界，本例全部选择）

选择要修剪的对象，或按住 Shift 键选择要延伸的对象，或[栏选（F）/窗交（C）/投影（P）/边（E）/删除（R）/放弃（U）]:（选择要修剪掉的对象，反复点击，逐一被修剪掉，如图 4-23 所示）。

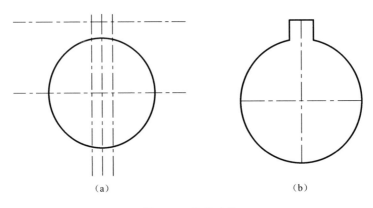

（a）　　　　　　　　　　　　　（b）

图 4-23　修剪对象

选项说明:

① 栏选（F）　　 系统以栏选的方式选择被修剪的对象。

② 窗交（C）　　 系统以窗交的方式选择被修剪的对象。

③ 投影（P）　　 可以指定执行修剪的空间，主要用于三维空间中两个对象的修剪，可将对象投影到某一平面上执行修剪操作。

④ 边（E）　 选择该选项时，命令行显示"输入隐含边延伸模式[延伸（E）/不延伸（N）]<不延伸>:"提示信息。如果选择"延伸（E）"选项，当剪切边太短而且没有与被修剪对象相交时，可延伸修剪边，然后进行修剪；如果选择"不延伸（N）"选项，只有当剪切边与被修剪对象真正相交时，才能进行修剪。

⑤ 放弃（U）　　 取消上一次的操作。

4.4.6　延伸对象

延伸对象的功能是将选定的对象延伸到指定的边界。启用"延伸"命令有三种方法。

（1）菜单栏→"修改"→"延伸"菜单命令；

（2）"修改"工具栏中单击"延伸"按钮 ⊣；

（3）输入命令：EXTEND （EX）。

启用"延伸"命令后，命令行提示如下。

选择对象或<全部选择>:（全部选择）↙

选择要延伸的对象，或按住 Shift 键选择要修剪的对象，或[栏选（F）/窗选（C）/投影（P）/边（E）/放弃（U）]（选择要延伸的对象），如图 4-24 所示。

提示:

① 命令行中各选项含义和"修剪"命令中相应选项含义类似，在此不再重复。

② 选择延伸对象，靠近选点的一端被延伸。

③ 延伸边界可以是直线、圆、圆弧、多段线、样条曲线和构造线，作为边界的对象可以是一个，也可以是多个，切点处也可以作为延伸边界。

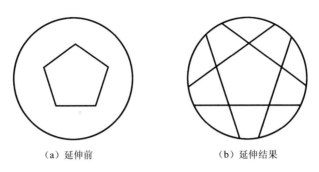

（a）延伸前　　　　　　　　　　　（b）延伸结果

图 4-24　延伸对象

说明："延伸"命令的使用方法和"修剪"命令的使用方法相似，不同之处在于：使用"延伸"命令时，如果在按下 Shift 键的同时选择对象，则执行"修剪"命令；使用"修剪"命令时，如果在按下 Shift 键的同时选择对象，则执行"延伸"命令。

4.4.7　分解对象

"分解"命令的功能是将一个复杂的实体分解成若干个相互独立的简单实体。多段线、矩形、正多边形，以及图块、剖面线、尺寸、三维实体、三维多线段和三维曲线等实体都可以被分解。启用"分解"命令有三种方法。

（1）菜单栏→"修改"→"分解" 菜单命令；

（2）"修改"工具栏中单击"分解"按钮📀；

（3）输入命令：EXPLODE（X）。

启用"分解"命令后，命令行提示如下。

选择对象：（选择要分解的正五边形）↙

分解后的正五边形从一个实体变为五个实体（五条线段），如图 4-25 所示。

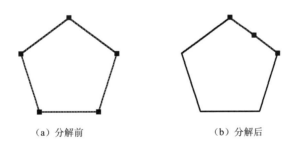

（a）分解前　　　　　　　　　　　（b）分解后

图 4-25　分解对象

4.4.8　打断对象

打断对象的功能是可部分删除对象或把对象分解成两部分，还可以使用"打断于点"命令将对象在一点处断开成两个对象。直线、圆弧、多段线、椭圆、样条曲线等都可以打断。启用"打断"命令有三种方法。

（1）菜单栏→"修改"→"打断"菜单命令；

（2）"修改"工具栏中单击"打断"按钮📖；

（3）输入命令：BREAK（BR）。

打断命令有以下两种。

① 打断对象　启用"打断"命令后，命令行提示如下。

选择对象：（选择要打断的对象并给定断点 1——系统默认选择对象的点为第一个打断点）

指定第二个打断点或[第一点（F）]：（给定打断点 2）

选项说明：

如果选择"第一点（F）"选项，可以重新确定第一个打断点。

提示： 在确定第二个打断点时，如果在命令行输入@，可以使第一个、第二个断点重合，从而将对象一分为二；如果对圆、矩形等封闭圆形使用打断命令时，系统将沿逆时针方向，把第一断点到第二断点之间的那段圆弧或直线删除，如图 4-26（b）、（c）所示。使用打断命令时，单击点 A 和 B 与单击点 B 和 A 得到的结果是不同的。

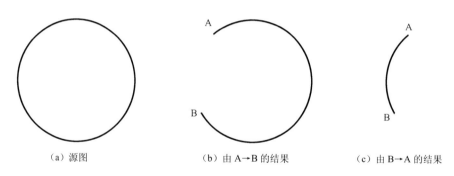

（a）源图　　　　　　　　（b）由 A→B 的结果　　　　　　（c）由 B→A 的结果

图 4-26　打断对象

② 打断于点　使用"打断于点"命令可以将对象在一点处断开成两个对象。执行该命令时，需要选择要被打断的对象，然后指定打断点，即可从该点打断对象。例如：长的直线、开放的多段线或圆弧都可以打断为两个相邻的对象。它是从"打断" 命令派生出来的，如图 4-27 所示。

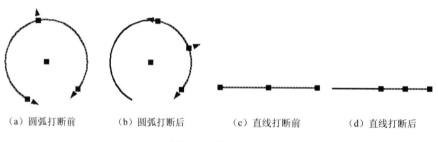

（a）圆弧打断前　　　（b）圆弧打断后　　　（c）直线打断前　　　（d）直线打断后

图 4-27　打断于点

启用"打断"命令有两种方法。

a．菜单栏→"修改"→"打断于点"菜单命令；

b．"修改"工具中单击"打断于点"按钮█。

启用"打断于点"命令后，命令行提示如下。

选择对象：（选择要打断的对象）

指定第一个打断点：（给断点 1）完成

4.4.9　合并对象

合并对象的功能是将独立的简单实体合并为一个复杂的实体。启用"合并"命令有三种方法。

（1）菜单栏→"修改"→"合并"菜单命令；

（2）"修改"工具中单击"合并"按钮➤➤；

（3）输入命令：JOIN（J）。

启用"合并"命令后，命令行提示如下。

选择源对象：（选择需合并的对象 1）

选择圆弧，以合并到源或进行[闭合（L）]（选择另一个对象 2）

如图 4-28（b）所示。

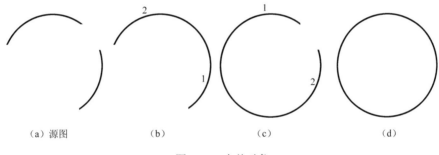

（a）源图　　　　　（b）　　　　　（c）　　　　　（d）

图 4-28　合并对象

提示：

① 选择源对象和另一对象时，"合并"命令将沿逆时针方向对在同一圆上的两段圆弧进行合并；图 4-28（b）与（c）选择源对象和另一对象时的先后顺序不同，得到的结果也就不同。

② 如果选择闭合（L），可以将选择的任意一段圆弧闭合为一个整圆，见图 4-28（d）。

4.5　圆角和倒角

4.5.1　圆角

"圆角"命令的功能是用一个指定半径的圆、圆弧给对象加圆角，使其进行光滑的连接。启用"圆角"命令有三种方法。

（1）菜单栏→"修改"→"圆角"菜单命令；

（2）"修改"工具中单击"圆角"按钮 ；

（3）输入命令：FILLET（F）。

倒圆角时，一般先设定圆角半径，再选取倒圆角的两个对象，如图 4-29 所示。启用"圆角"命令后，命令行提示如下。

选择第一个对象或[放弃（U）/多段线（P）/半径（R）/修剪（T）/多个（M）]r（指定半径）✓

指定圆角半径<0，0000>（给定半径）✓

选择第一个对象或[放弃（U）/多段线（P）/半径（R）/修剪（T）/多个（M）]:（拾取第一边）✓

选择第二个对象，或按住 Shift 键选择要应用角点的对象:（拾取第二边）✓

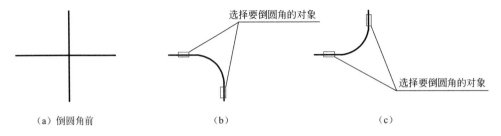

（a）倒圆角前　　　　（b）　　　　（c）

图 4-29　倒圆角时注意选择位置

选项说明：

① 多段线（P）　　对多段线的各交点修圆角；

② 半径（R）　　设定倒圆角半径；

③ 修剪（T）　　选择剪切模式；

④ 多个（M）　　可以对多个对象修圆角。

提示：

① 选择倒圆角对象时，总是选择想要保留下来的那部分对象。选择倒圆角的位置不同，得到的结果也就不同，如图 4-29（b）、（c）所示。

② 相互平行的两条直线也可以倒圆角，圆角半径由系统自动计算，如图 4-30 所示。

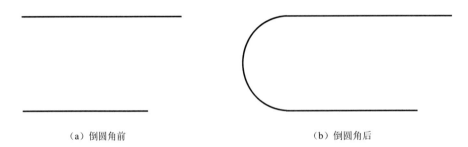

（a）倒圆角前　　　　　　　　　　（b）倒圆角后

图 4-30　平行直线倒圆角

4.5.2　倒角

"倒角"命令的功能是生成一定角度的直线连接两个对象。启用"倒角"命令有三种方法。

（1）菜单栏→"修改"→"倒角" 菜单命令；

（2）"修改"工具中单击"倒角"按钮；

（3）输入命令：CHAMFER（CHA）。

"倒角"命令操作时，命令行提示中各选项的含义和"圆角"命令相应选项雷同，在此不再重复。

【例 4.3】　本题中 $R10$、$R15$、$R20$ 都是指定的半径，被连接的对象有两直线、一直线一圆弧、两圆弧，如图 4-31 所示。

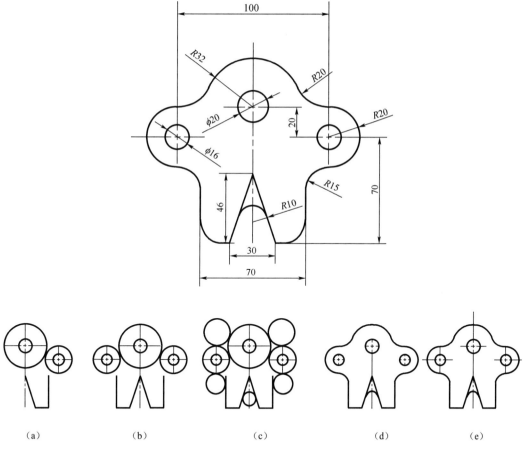

图 4-31　"倒角"练习图

作图步骤如下。

① 作出点画线，用"偏移"命令（20、50）确定圆心，用"偏移"命令（70、46、15）定位，见图 4-31（a）。

② 用"镜像"命令作出（b）。

③ 根据 *R*10、*R*15、*R*20 用"画圆"命令[相切、相切、半径（T）]完成（c）。

④ 用"修剪"命令完成（d）。

⑤ 用"拉长"命令把点画线画到超出圆轮廓线 2～5mm 处，标注尺寸，完成全图，如图 4-31 所示。

4.6　图案填充

当用户需要一个重复的图案填充一个区域时，可以用 HATCH 或 BHATCH(别名 H 或 BH)命令建立一个相关联的填充阴影对象，指定相应的区域进行填充，即所谓的图案填充。

4.6.1　基本概念

（1）图案边界　进行图案填充时，先确定边界。定义边界的对象只能是直线、双向射线、单向射线、多段线、样条曲线、圆弧、圆、椭圆、椭圆弧、面域等对象或用这些对象定义的块，而且作为边界的对象在当前屏幕上必须全部可见。

（2）孤岛　在进行图案填充时，位于总填充域内的封闭区域称为孤岛，孤岛内的封闭区域也是孤岛，即孤岛也可以嵌套，如图 4-32 所示。在用 HATCH 命令填充时，AutoCAD 允许用户以单击拾取点的方式确定填充边界，即在希望填充的区域内任意点取一点，AutoCAD 会自动确定出填充边界，同时也确定该边界内的岛。如果用户是以选择对象的方式确定填充边界的，则必须确切地点取这些岛，有关知识将在 4.7.2 小节中介绍。

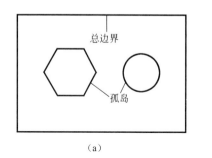
（a）
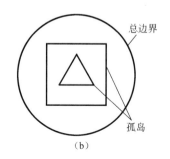
（b）

图 4-32　孤岛示意图

（3）填充方式　在进行图案填充时，需要控制填充的范围，AutoCAD 为用户设置了 3 种填充方式，实现对填充方式的控制。

① 普通方式　如图 4-33（a）所示，该方式从边界开始，由每条填充线或每个填充符号的两端向里画，遇到内部对象与之相交时，填充线或符号断开，直到遇到下一次相交时再继续画。采用这种方式时，要避免剖面线或符号与内部对象的相交次数为奇数。该方式为系统内部的默认方式。

② 外部方式　如图 4-33（b）所示，该方式从边界向里画剖面符号，只要在边界内与对象相交，剖面符号便由此断开，不再继续画。

③ 忽略方式　如图 4-33（c）所示，该方式忽略边界内的对象，所有内部结构都被剖面符号覆盖。

（a）普通方式　　　　　（b）外部方式　　　　　（c）忽略方式

图 4-33　填充方式

4.6.2　图案填充的操作

执行图案填充的命令方式：

（1）"绘图"→"图案填充"菜单命令；

（2）单击"绘图"工具栏中的"图案填充"按钮◢或"绘图"工具栏中的"渐变色"按钮◢；

（3）输入命令：HATCH；

（4）快捷键：H。

执行上述命令后，系统打开如图 4-34 所示的"图案填充和渐变色"对话框。

图 4-34　"图案填充和渐变色"对话框

以下介绍各选项的含义。

（1）"图案填充"选项卡　此选项卡中的各选项用来确定图案及其参数。打开此选项卡后，可以看到图 4-34 左边的选项。下面介绍各选项的含义。

① 类型　"类型"下拉列表框：设置填充的图案类型，包括"预定义""用户定义"和"自定义"3 个选项。单击右侧的下三角按钮，弹出其下拉列表（如图 4-35 所示）。其中，选择"预定义"选项，可以使用 AutoCAD 提供的图案；选择"用户定义"选项，则需要临时定义图案，该图案由一组平行线或者相互垂直的两组平行线组成；选择"自定义"选项，可以使用事先定义好的图案。

图 4-35　图案填充类型

② 图案　此下拉列表框用于确定标准图案文件中的填充图案。在弹出的下拉列表中，用户可从中选取填充图案。选取所需要的填充图案后，在"样例"框内会显示出该图案。只有用户在"类型"下拉列表框中选择了"预定义"，此项才以正常亮度显示，即允许用户从自己定义的图案文件中选取填充图案。

如果选择的图案类型是"预定义"，单击"图案"下拉列表框右边的 ··· 按钮，会弹出如图 4-36 所示的对话框，该对话框中显示了所选类型所具有的图案，用户可从中确定所需要的图案。

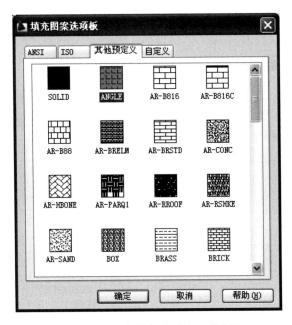

图 4-36　"图案填充选项板"对话框

③ 样例　此框用来给出一个样本图案。用户可以通过单击该图像的方式迅速查看或选取已有的填充图案（图 4-36）。

④ 自定义图案　此下拉列表框用于从用户定义的填充图案中进行选取。只有在"类型"下拉列表框中选用"自定义"选项后，该项才以正常亮度显示，即允许用户从自己定义的图案文件中选取填充图案。

⑤ 角度　此下拉列表框用于确定填充图案时的旋转角度。每种图案在定义时的旋转角度为零，用户可在"角度"下拉列表框中输入所希望的旋转角度。

⑥ 比例　此下拉列表框用于确定填充图案的比例值。每种图案在定义时的初始比例为 1，用户可以根据需要放大或缩小，方法是在"比例"下拉列表框内输入相应的比例值。

⑦ 双向　用于确定用户临时定义的填充线是一组平行线还是相互垂直的两组平行线。只

有当在"类型"下拉列表框中选用"用户定义"选项时，该项才可以使用，如图 4-37 所示。

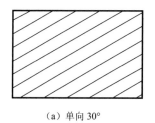
（a）单向 30°

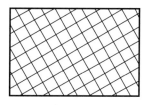
（b）双向 30°

图 4-37　单向和双向

⑧　相对于图纸空间　确定是否相对于图纸空间单位确定填充图案的比例值。选择此选项，可以按适合版面布局的比例方便地显示填充图案。该选项仅适用于图形版面编排。

⑨　间距　指定线的间距，在"间距"文本框内输入值即可。只有当在"类型"下拉列表框中选用"用户定义"选项，该项才可以使用。

⑩　ISO 笔宽　此下拉列表框告诉用户根据所选择的笔宽确定与 ISO 有关的图案比例。只有选择了已定义的 ISO 填充图案后，才可确定它的内容。

⑪　图案填充原点　控制填充图案生成的起始位置。某些图案填充（例如砖块图案）需要与图案填充边界上的一点对齐。默认情况下，所有图案填充原点都对应于当前的 UCS 原点。也可以选择"指定的原点"及下面一级的选项重新指定原点。

（2）"渐变色"选项卡　渐变色是指从一种颜色到另一种颜色的平滑过渡。渐变色能产生光的效果，可为图形添加视觉效果。单击该标签，打开如图 4-38 所示的选项卡，其中各选项含义如下。

①"单色"单选按钮　单击此单选按钮，系统应用单色对所选择的对象进行渐变填充。其下面的显示框显示了用户所选择的真彩色，单击右边的小按钮（…），系统打开"颜色选择"对话框，如图 4-39 所示。用户可选择自己所需的颜色。

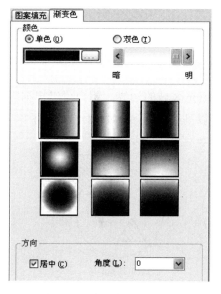

图 4-38　"渐变色"选项卡

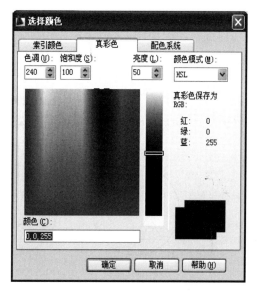

图 4-39　"颜色选择"对话框

②"双色"单选按钮　单击此单选按钮，系统应用双色对所选择的对象进行渐变填充。填充颜色将从颜色 1 渐变到颜色 2。颜色 1 和颜色 2 的选取与单色选取类似。

③"渐变方式"样板　在"渐变色"选项卡的中间有 9 种渐变方式，包括线形、球形和抛物线形等方式。

④"居中"复选框　"居中"复选框决定渐变填充是否居中。

⑤"角度"下拉列表框　在该下拉列表框中给出了不同的角度，此角度为渐变色倾斜的角度。角度不同的渐变色填充效果不同，如图 4-40 所示。

（a）单色线形居中 45 度渐变填充　　　　　　　（b）双色球形不居中 0 度渐变填充

图 4-10　不同的渐变色填充

（3）"边界"选项区域

① 添加　拾取点　以点选的形式自动确定填充区域的边界。在填充的区域内任意点取一点，AutoCAD 会自动确定出包围该点的封闭填充边界，并且这些边界以高亮度显示，如图 4-41 所示。

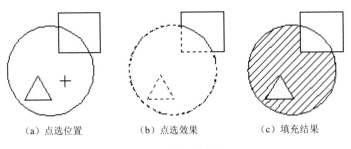

（a）点选位置　　　　　　（b）点选效果　　　　　　（c）填充结果

图 4-41　拾取点填充

② 添加　选择对象　以选取对象的方式确定填充区域的边界。用户可以根据需要选取构成填充区域的边界。同样，被选择的边界也会以高亮度显示，如图 4-42 所示。

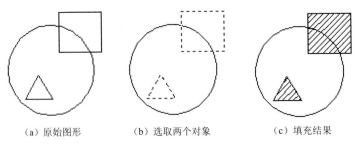

（a）原始图形　　　　　　（b）选取两个对象　　　　　　（c）填充结果

图 4-42　选取对象边界

③ 删除边界　从边界定义中删除以前添加的任何对象，如图 4-43 所示。

　（a）选取对象　　　　　　　　（b）删除边界　　　　　　　　（c）填充结果

图 4-43　删除边界

④ 重新创建边界　围绕选定的图案填充或填充对象创建多段线或面域。

⑤ 查看选择集　观看填充区域的边界。单击该按钮，AutoCAD 将临时切换到作图屏幕，将所选择的区域作为填充边界的对象以高亮方式显示。只有通过"添加：拾取点"按钮或"添加：选择对象"按钮选取了填充边界，"查看选择集"按钮才可以使用。

（4）"选项"选项区域

① 关联　此复选框用于确定填充图案与边界的关系。若选中此复选框，则填充的图案与填充边界保持着关联关系，即图案填充后，当用钳夹功能对边界进行拉伸等编辑操作时，AutoCAD 会根据边界的新位置重新生成填充图案，如图 4-44 所示。

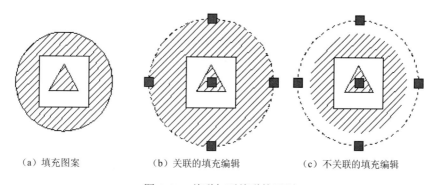

　（a）填充图案　　　　　　（b）关联的填充编辑　　　　　　（c）不关联的填充编辑

图 4-44　关联与不关联的区别

② 创建独立的图案填充　当指定了几个独立的闭合边界时，"创建独立的图案填充"复选框用于控制是创建单个图案填充对象，还是创建多个图案填充对象，如图 4-45 所示。

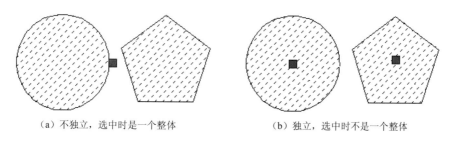

　　（a）不独立，选中时是一个整体　　　　　　　　（b）独立，选中时不是一个整体

图 4-45　独立与不独立

③ 绘图次序　指定图案填充的绘图顺序。图案填充可以放在所有其他对象之后、所有其他对象之前，也可以放在图案填充边界之后或图案填充边界之前。

（5）"继承特性"按钮　此按钮的作用是继承特性，即选用图中已有的填充图案作为当前的填充图案。

（6）"孤岛"选项区域

① 孤岛检测　确定是否检测内部闭合边界（内部闭合边界称为孤岛）。

② 孤岛显示样式　该选项区域用于确定图案的填充方式。用户可以从中选取所需的"普通""外部""忽略"的填充方式，默认的填充方式为"普通"。用户也可以在右键快捷菜单中选择填充方式。

（7）"边界保留"选项区域　指定是否将边界保留为对象，并确定应用于这些边界对象的对象类型。可以将边界保留为多段线或面域。

（8）"边界集"选项区域　此选项区域用于定义边界集。当单击"添加：拾取点"按钮以根据一指定点的方式确定填充区域时，有两种定义边界集的方式：一种是将包围所指定点的最近的有效对象作为填充边界，即"当前视口"选项，该项是系统的默认方式；另一种是用户自己选定一组对象来构造边界，即"现有集合"选项，选定对象通过选项区域中的"新建"按钮实现，按下该按钮后，AutoCAD 临时切换到作图屏幕，并提示用户选取作为构造边界集的对象，此时若选取"现有集合"选项，AutoCAD 会根据用户指定的边界集中的对象来构造一封闭边界。

（9）"允许的间隙"选项区域　设置将对象用作图案填充边界时可以忽略的最大间隙。默认值为 0，此值指定对象必须封闭区域而没有间隙。

（10）"继承选项"选项区域　使用"继承特性"按钮创建图案填充时，控制图案填充原点的位置。

4.6.3　编辑填充的图案

利用 HATCHEDIT 命令可以编辑已经填充的图案。

执行编辑填充的图案方式如下。

（1）"修改"→"对象"→"图案填充"菜单命令；

（2）单击"修改Ⅱ"工具栏中的"编辑图案填充"按钮 ；

（3）输入命令：HATCHEDIT。

选取填充对象后，系统弹出如图 4-46 所示的"图案填充和渐变色"对话框。

在图 4-46 中，只有正常显示的选项才可以对其进行操作。利用该对话框，可以对已选中的图案进行一系列的编辑修改。

提示：双击需要编辑的填充区域也可以直接弹出图 4-46 所示的"图案填充和渐变色"对话框。

图 4-46　"图案填充和渐变色"对话框

【例 4.4】　绘制如图 4-47 所示的滚花零件。

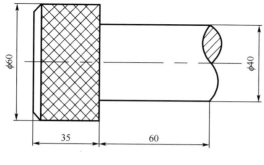

图 4-47　零件滚花

绘图步骤如下。

① 用"直线"命令绘制零件主体部分，如图 4-48 所示。

② 用"圆弧"命令绘制零件断裂面示意线，如图 4-49 所示。

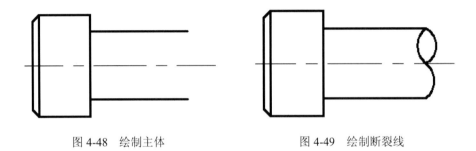

图 4-48　绘制主体　　　　　　　　　　图 4-49　绘制断裂线

（3）绘制柱面滚花。输入图案填充命令 BHATCH，系统打开"图案填充和渐变色"对话框，在"类型"下拉列表框中选择"用户定义"选项，"角度"设置为 45，"间距"设置为 4，如图 4-50 所示。

图 4-50　"图案填充和渐变色"对话框

单击"添加：拾取点"按钮，系统切换到绘图平面，选择边界对象，选中的对象亮显，如图 4-51 所示。右击，系统打开右键快捷菜单，选择"确认"命令，如图 4-52 所示。系统回到"图案填充和渐变色"对话框，单击"确定"按钮退出。

（4）绘制断裂面剖面线。重新输入图案填充命令，打开"图案填充和渐变色"对话框，

在"类型"下拉列表框中选择"预定义"选项，"角度"设置为 0，"比例"设置为 1。单击
"添加：选择对象"按钮，系统切换到绘图平面，在断面处拾取一点，如图 4-53 所示。右
击鼠标，系统打开右键快捷菜单，选择"确认"命令，系统回到"图案填充和渐变色"对
话框，单击"确定"按钮退出。填充结果如图 4-54 所示。

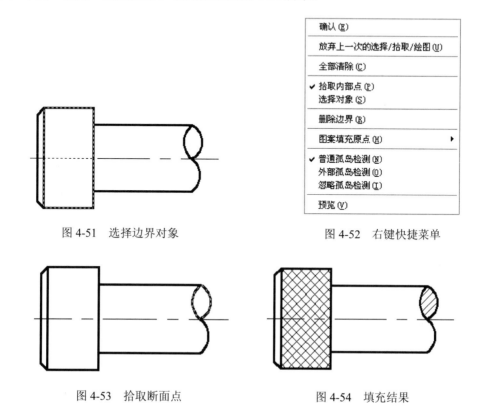

图 4-51　选择边界对象

图 4-52　右键快捷菜单

图 4-53　拾取断面点

图 4-54　填充结果

4.7　思考与练习

1．分析窗口方式与交叉方式选择对象的异同。

2．分析比较"比例缩放"命令、"拉伸"命令、"延长"命令、"修剪"命令、"延伸"
命令、"打断"命令改变已经画出对象大小或长度的特点。

3．分析比较"撤消"命令、"恢复"命令、"镜像"命令、"修剪"命令的删除功能。

4．分析比较"复制"命令与"阵列"命令的区别。

5．分析比较"修剪"命令、"画倒角"命令、"画圆角"命令、"打断"命令的修剪
功能。

6．移动及复制对象时，可通过哪两种方式指定对象位移的距离和方向？

7．如果要将直线在同一点打断，应该怎样操作？

8．使用"拉伸"命令时，如何选择对象？

9．图形中的文本有何作用？

10．如何输入一些特殊的字符？

4.7.1 基础操作题

1. 用"移动""旋转"命令完成图 4-55。

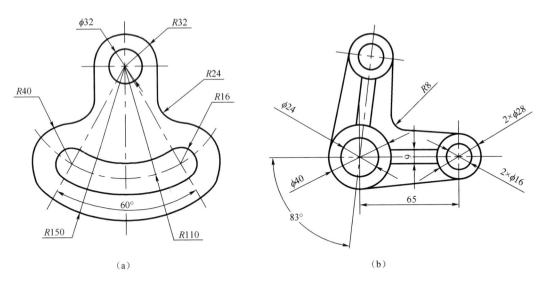

（a）　　　　　　　　　　　（b）

图 4-55

2. 用"复制""偏移""阵列"命令完成图 4-56。

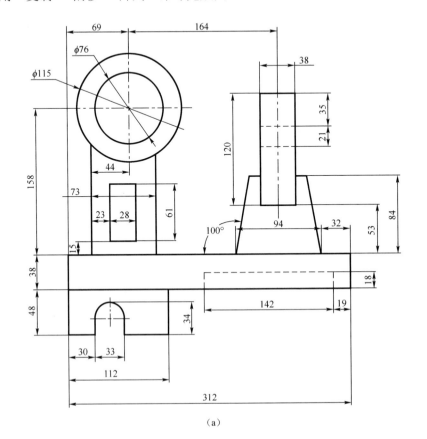

（a）

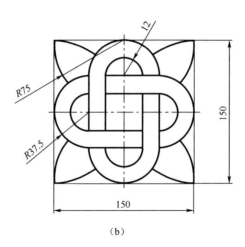

（b）

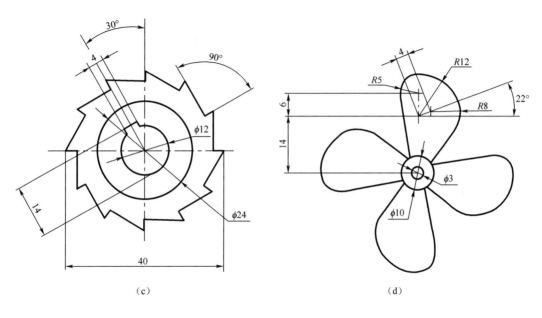

（c）

（d）

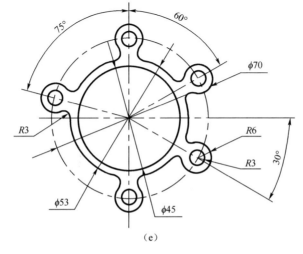

（e）

图 4-56

3. 用"拉伸"命令完成图 4-57。

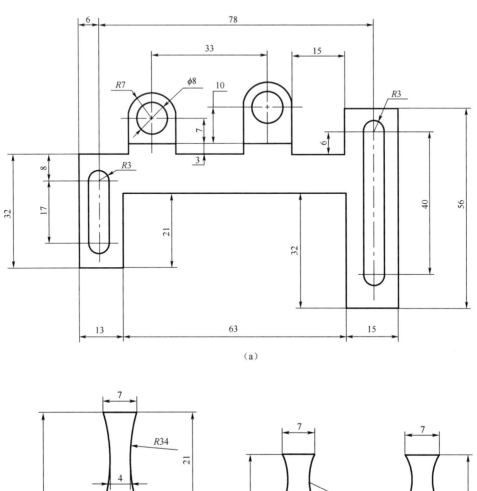

（a）

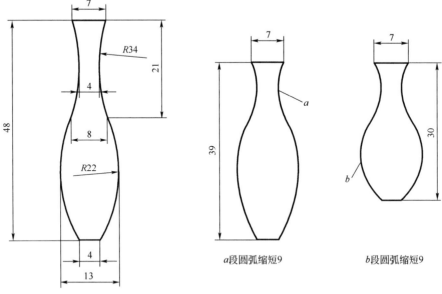

*a*段圆弧缩短9　　　　　*b*段圆弧缩短9

（b）

图 4-57

4. 用"阵列"命令完成图 4-58。

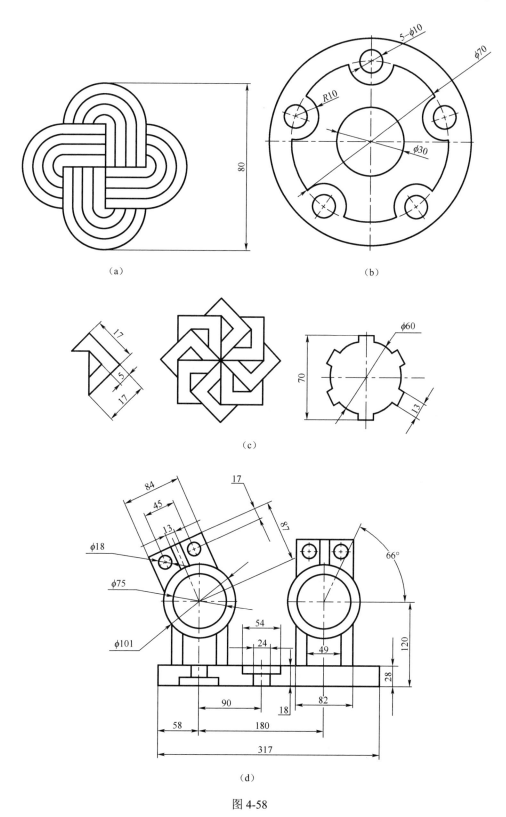

图 4-58

5．"对齐"命令的练习如图 4-59 所示。

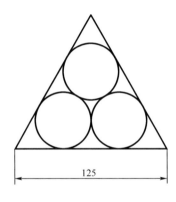

图 4-59

6. "偏移"和"阵列"命令的练习如图 4-60 所示。

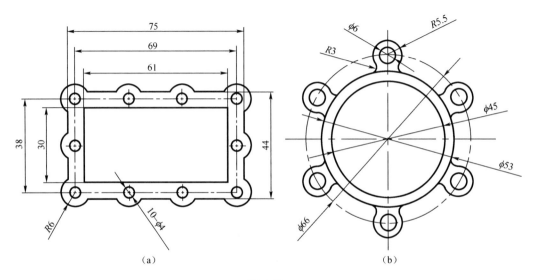

图 4-60

7. "偏移"与"修剪"命令的练习如图 4-61 所示。

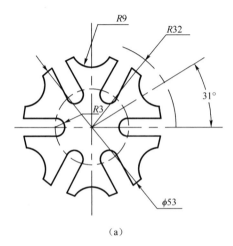

（a）

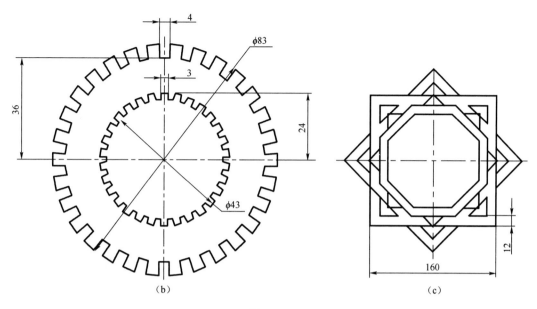

图 4-61

8. 圆角和倒角命令的练习如图 4-62 所示。

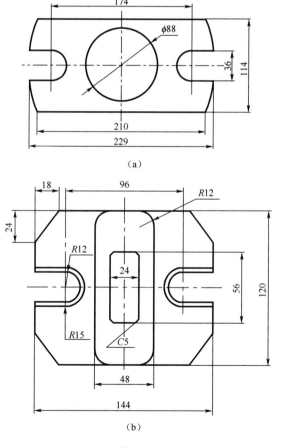

（a）

（b）

图 4-62

9. 图案填充练习如图 4-63 所示。

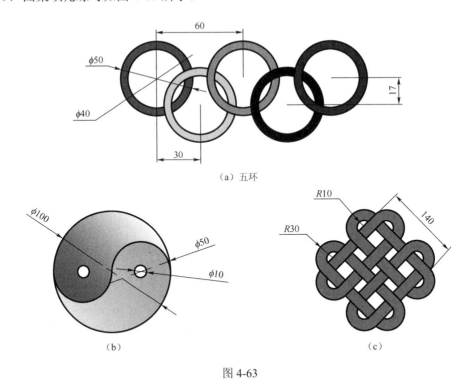

图 4-63

4.7.2　应用·提高·强化

绘制如图 4-64 所示的平面图形（不标注尺寸）。

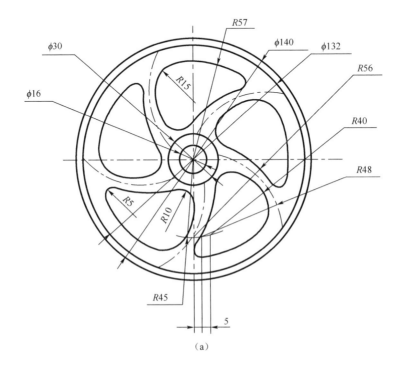

（a）

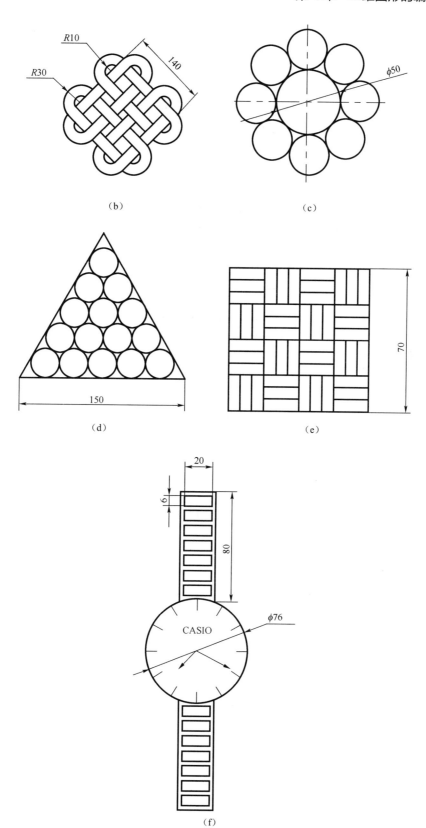

图 4-64

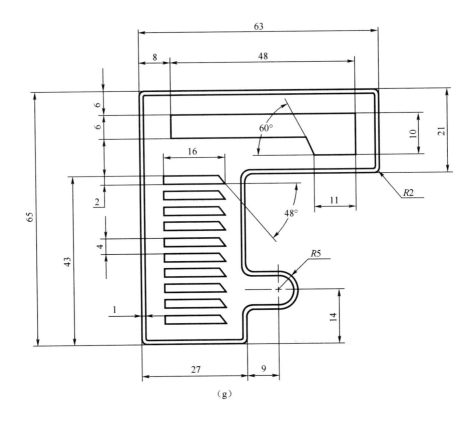

（g）

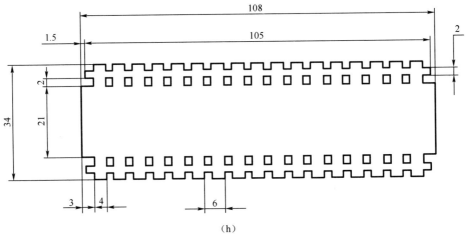

（h）

图 4-64

下篇

项目式训练篇

第**5**章 ▷▷▷ ▶▶▶
面域的应用

🍃 项目导读

    在 AutoCAD 中，可以将由某些对象围成的封闭区域转化为面域。面域可以由圆弧、直线、二维多段线、椭圆弧、样条曲线等对象组成，但应保证相邻对象间共享连接的端点，和图案填充类似，必须要求图形封闭，否则不能创建面域。面域的创建对于求解复杂图形的面积、周长、质心、惯性具有重要作用，点动成线，面动成体，同时也是三维建模中拉伸、旋转的二维基础。

🍃 项目学习目标

> ➤ 掌握面域的三种创建方法。
> ➤ 掌握面域的布尔运算。
> ➤ 掌握从面域中提取数据的方法。

5.1　面域操作的基本命令

5.1.1　面域的创建

    面域的创建有以下两种方法。

    （1）对于圆、椭圆、正多边形、多段线等单一封闭图形，可以采用命令：Region（Reg）；菜单："绘图"→"面域"；绘图工具栏：⬚ 按钮，三种方式中的任何一种操作。然后选择一个或多个用于转换面域的封闭图形，按 Enter 键后即可转换为面域。

    （2）对于由直线、圆弧、椭圆弧、多段线围成的封闭图形，可以采用"绘图"→"边界"创建多段线，然后采用"绘图"→"面域"。

    两种方法需要根据具体的应用场景灵活运用，当一种方法在实践中失效时，采用另外一种方法。在二维建模空间里，面域和线框模型没有差别，对面域创建是否成功很难直观判断，可以执行"视图"→"视觉样式"→"真实"命令验证效果。

5.1.2　面域的布尔运算

    布尔运算的对象只包括实体和共面的面域，对于普通的线条图形对象则无法使用。使用"修改"→"实体编辑"子菜单中的相关命令，可以对面域进行布尔运算。

（1）并运算 Union（Uni） 创建面域的并集，需连续选择要进行并运算的面域对象，按 Enter 键后即可将参与运算的面域合并为一个新面域。

（2）差运算 Subtract（Su） 创建面域的差集，此时需要先选择"要从中减去的实体或面域"对象，再选择"要减去的实体或面域"对象，按 Enter 键确定。

（3）交运算 Intersect（In） 创建多个面域的交集，需要同时选择两个或两个以上的面域对象，按 Enter 键即可求出各个相交面域的公共部分。

按图 5-1 所示标注尺寸，将中心线层置为当前图层、打开"正交"命令，绘制相互垂直的中心线，分别绘制φ66 和φ32 的同心圆。然后在中心线与两圆交点处绘制半径分别为 4 和 6 的圆。采用环形阵列命令，以中心线交点为中心阵列八个小圆。选择"绘图"→"面域"，采用窗口选择法将所有对象转化为面域。执行"修改"→"实体编辑"→"并集"，选择φ66 和半径为 6 的 8 个圆，按 Enter 键，完成面域的并集操作。执行"修改"→"实体编辑"→"差集"，选择φ32，按 Enter 键，然后选中半径为 4 的 8 个圆，按 Enter 键，完成面域的差集操作。执行"修改"→"实体编辑"→"差集"，选择第一次并集操作的面域，按 Enter 键，然后选中第二次差集操作的面域，按 Enter 键，完成面域的差集操作。最后对所产生的面域执行"图案填充"→"渐变色"命令。效果如图 5-2 所示。

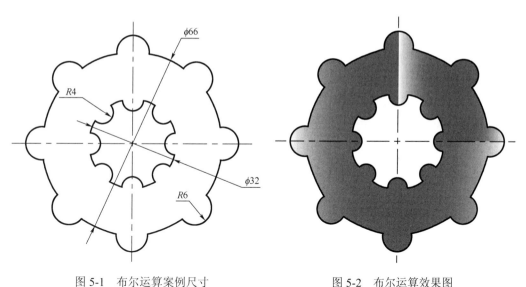

图 5-1 布尔运算案例尺寸　　　图 5-2 布尔运算效果图

5.1.3 从面域中提取数据

若查询面域的属性，如面积、质心、惯性等。可以采用以下方法。

命令：Massprop

菜单："工具"→"查询"→"面域"→"质量属性"

5.2 案例分析

异形垫片如图 5-3 所示，是一种密封垫片。本案例以求解异形垫片的面积、周长及切点在用户坐标系中的坐标值为目标，讲述面域的创建、布尔运算及面积周长等数据的提取。

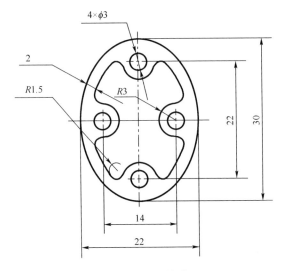

图 5-3　异形垫片

（1）打开图层特性管理器，完成中心线、粗实线图层设置。

（2）选择中心线层，打开正交状态，绘制中心线，采用"偏移"命令，对水平中心线向上、向下偏移距离为 11 的两条线；然后选择竖直的中心线采用"偏移"命令，偏移距离为 7 的左右两条线。

（3）在命令栏中输入 pellipse，将其值设置为 1。环境设置的目的是将椭圆及椭圆弧设置保持多段线的属性，为以后的边界命令做准备。在图层工具栏中选择粗实线层，执行"椭圆"命令，输入 C，捕捉中心线交点，向右水平移动十字光标输入半轴长度为 11，然后十字光标向上移动输入半长轴的长度 15。执行"偏移"命令，将上述椭圆向内偏移 2，形成里面的椭圆。

（4）执行"圆"命令，捕捉中心线所形成的交点，绘制直径和半径为 3 的圆。然后采用"复制"命令复制其余 3 处。

（5）执行"圆"命令，采用相切、相切、半径的方法绘制半径为 1.5 的圆。输入 T 回车，捕捉与小椭圆的切点，捕捉与半径为 3 圆的切点，输入半径 1.5，最后采用"修剪"或"镜像"命令完成异形垫片二维线框模型创建。

（6）为了创建面域方便，将所有的中心线图层隐藏关闭。然后单击"面域"按钮，选择长轴为 30、短轴为 22 的椭圆及 4 个直径为 3 的圆，按 Enter 键转化为面域。然后执行"绘图"→"边界"，对话框如图 5-4 所示，在对话框内单击拾取点前小按钮，单击小椭圆弧及圆角内部。

（7）布尔运算：执行"修改"→"实体编辑"→"差集"，选择大椭圆，按 Enter 键，然后选中 4 个直径为 3 和由内部椭圆弧、圆弧组成的面域，按 Enter 键，完成面域的差集操作。

（8）预览布尔运算后面域效果：执行"视图"→"视觉样式 S"→"真实或概念"，其效果如图 5-5 所示。

图 5-4 "边界创建"对话框

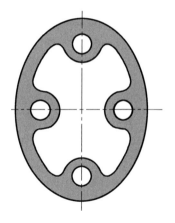

图 5-5 布尔运算后效果图

（9）AutoCAD 中坐标系和数控机床一样，存在 WCS 和 USC，在数控编程中要计算圆弧起点和终点在 UCS 中的坐标，如果采用数学公式计算非常繁琐，通过 CAD 的精确绘图并坐标标注便可实现。采用 UCS 命令建立用户坐标系，捕捉椭圆中心，指定用户坐标系的原点，然后一直按 Enter 键，使用户坐标系和世界坐标系的 X 和 Y 轴方向一致。然后坐标标注 A 点的坐标值为（5.277,10.444）。具体的方法在命令提示区中输入 UCS，按 Enter 键，指定用户坐标系的原点为椭圆弧的中点，按 Enter 键。然后选择菜单"标注"→"坐标"完成 A 点坐标标注（图 5-6）。

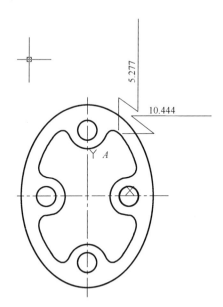

图 5-6 某点在用户坐标系中的值

（10）菜单："工具"→"查询"→"面域"→"质量属性"。单击选择经过布尔运算的面域，其查询结果如下。

命令:_massprop

--------------- 面域 ---------------

面积：	233.5817
周长：	201.5382
边界框：	X: -11.0000　--　11.0000
	Y: -15.0000　--　15.0000
质心：	X: 0.0000
	Y: 0.0000
惯性矩：	X: 18602.2571
	Y: 10407.7133
惯性积：	XY: 0.0000
旋转半径：	X: 8.9241
	Y: 6.6751

主力矩与质心的 X-Y 方向：

　　　　I: 10407.7133 沿 [0.0000 1.0000]

　　　　J: 18602.2571 沿 [-1.0000 0.0000]

5.3　实训项目

（1）通过"面域""布尔运算"等命令完成图 5-7 面域的绘制，并求解其周长、面积。

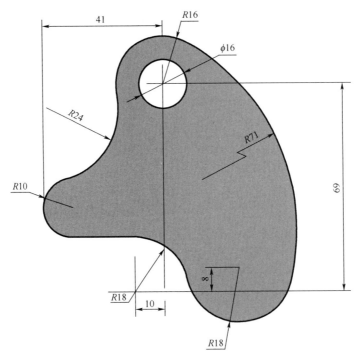

图 5-7　面域实训

（2）通过"面域""布尔运算"等命令完成图 5-8 面域的绘制，并求解其周长、面积。

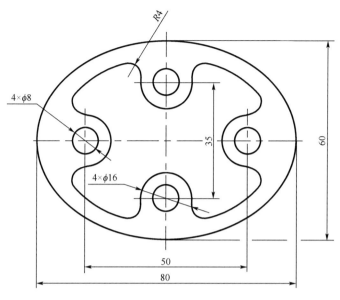

图 5-8　异形垫片

（3）通过"面域""布尔运算"等命令完成图 5-9 面域的绘制，并求解其周长、面积。

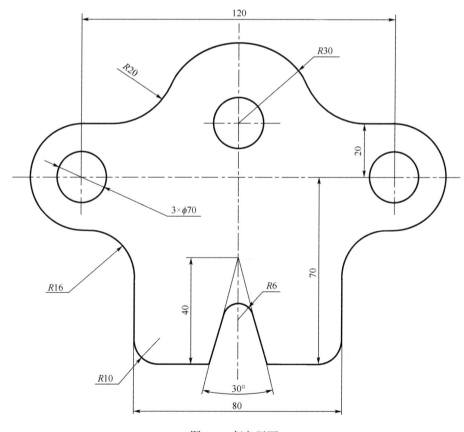

图 5-9　复杂平面

第6章

文字与标注

项目导读

工程图中一般含文字注释和尺寸标注，文字注释主要用于技术说明的书写，尺寸标注是零件完工检验的尺寸。AutoCAD 中有两种生成文字的方式：单行文本和多行文本。单行文本用于输入简短的文字项目，如尺寸标注中的一些附属说明文字等。多行文本多用于输入文字，文字格式比较复杂，如技术要求、加工流程说明等。尺寸标注是工程图重要的组成部分，是一项细致且繁重的工作，描述了图中各对象组成部分的大小和相对位置，是实际生产的重要依据。

项目学习目标

➤ 掌握符合国家标准《技术制图》《机械制图》的文字样式及应用技巧。
➤ 掌握符合国家标准《技术制图》《机械制图》的标注样式及标注技巧。

6.1 机械制图关于文字、标注的规定

6.1.1 文字

文字是工程图样中一个重要组成部分。国家标准规定了图样中汉字、字母、数字的书写：

（1）书写汉字、数字、字母必须做到：字体端正、笔画清楚、间隔均匀、排列整齐。

（2）字体的号数，即字体的高度（用 h 表示），其公称尺寸系列为 1.8、2.5、3.5、5、7、10、14、20（mm）。需要书写更大字体时，其字体高度按照字高 $\sqrt{2}$ 倍的比率递增。

（3）汉字应写成长仿宋体，汉字在图纸上的输出的高度 h 不应小于 3.5，字体宽度为 $h/\sqrt{2}$。

（4）字母和数字分为 A 型和 B 型。A 型笔画宽度 d 为字高 h 的 1/14，B 型笔画宽度 d 为字高 h 的 1/10。字母和数字可写成直体或斜体。斜体字字头向右倾斜，与水平线成 75°。

（5）用作指数、分数、极限偏差、注脚的数字及字母推荐应用小一号字体。

6.1.2 标注

尺寸标注基本规则：

（1）机件的真实大小应以图样上所标注的尺寸数值为依据，与图形的大小及绘图的准确度无关。

（2）图样中（包括技术要求和其他说明）的尺寸，以"mm"为单位。若采用其他单位，需注明相应的单位。

（3）图样中所标注的尺寸，为该图样所示物体的最后完工尺寸，否则应另加说明。

（4）机件的每一尺寸一般只标注一次，并应标注在反映该结构最清晰的图形上。

尺寸的组成：一个完整的尺寸一般应包括尺寸界线、尺寸线、尺寸数字和表示尺寸线终端的箭头。尺寸界线用细实线绘制，并应由图形的轮廓线、轴线或对称中心线处引出。也可利用轮廓线、轴线或对称中心线作尺寸界线，一般情况下应与尺寸线垂直。在光滑过渡处标注尺寸时，必须用细实线将轮廓线延长，从它们的交点处引出尺寸线，一般情况下应与尺寸线垂直。特殊情况下可以倾斜，如图 6-1 所示。尺寸界线一般应超出尺寸线约 2mm。尺寸线用细实线绘制，标注线性尺寸时，尺寸线必须与所标注的线段平行，一般不能与其他图线重合或画在其延长线上。在机械图样中一般采用箭头作为尺寸线终端，箭头的长度大于 6 倍粗实线的宽度，其尺寸要求如图 6-2 所示。

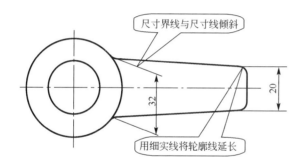

图 6-1　尺寸界线特殊情况

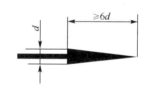

图 6-2　箭头

线性尺寸的数字一般应注写在尺寸线的上方，也允许注写在尺寸线的中断处，当空间不够时也可以引出标注，同一张图纸上字高应一致。注写线性尺寸数字，水平方向字头向上，数字由左向右书写。垂直方向时，数字字头向左，由下向上书写。倾斜方向的尺寸数字字头均有向上的趋势，并且避免在 30° 范围内标注，可以采用引出标注。

标注圆的直径尺寸时，尺寸线应沿径向并在尺寸数字前加注直径符号"ϕ"。标注半径尺寸，若大于半圆应标直径，小于等于半圆时应在尺寸数字前加注半径符号"R"。当圆弧的半径过大或在图纸范围内无法标出其圆心位置时，可采用折线的形式标注。标注球面的直径或半径时，应在符号"ϕ"或符号"R"前加注符号"S"。对于螺钉、铆钉的头部，轴（包括螺杆）的端部以及手柄的端部等，在不致引起误解的情况下可省略符号"S"。

角度尺寸：标注角度的尺寸界线应沿径向引出。标注角度时，尺寸线应画成圆弧，其圆心是该角的顶点。角度的数字一律写成水平方向，一般注写在尺寸线的中断处。必要时也可注写在尺寸线的上方或外面，狭小处可引出标注。

狭小部位尺寸：在没有足够的空间画箭头或注写尺寸数字时，可将箭头或尺寸数字布置在尺寸线外面。当空间更小时，箭头和数字都可以布置在尺寸线外面。数字也可以用指引线引出标注。几个小尺寸连续标注时，箭头外移可将中间的箭头改用圆点，尺寸数字可以采用引出标注。

弧长的标注：弧长的尺寸线是该圆弧的同心弧，尺寸界线是平行于对应弦长的垂直平分线，将弧长符号标注在数字前方。尺寸线与轮廓线或尺寸线与基线间距应根据字高的大小相距 5~7mm。其综合标注实例如图 6-3 所示。

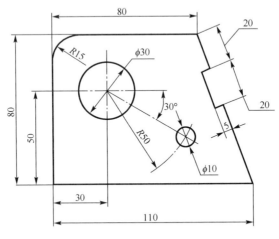

图 6-3　综合标注实例

6.2　案例分析

6.2.1　文字创建

在 AutoCAD 中，文字样式是文字格式的集合，包括文字对象的字体、字号、倾斜角度、方向等。文字样式决定文字效果，只有根据机械制图中对字体的要求才能创建符合制图规范的文字。文字字体在 AutoCAD 中分两种：CAD 本身编译的 Shx 和 Windows 自带的 TrueType 字体。带双 T 的字形文件为 TrueType 字体。Shx 字体能精确控制文字的高度；TrueType 字体美观大方，符合书写习惯，其字高为字体首字母的高度，所以在同一字高下高度略有不同。例如在图纸上书写长仿宋字体，可以下载长仿宋字体（图 6-4）后，粘贴复制到 C:Windows/Fonts 目录下。Shx 字体中 gbenor.shx 数字和字母为正体；gbeitc.shx 数字和字母为斜体；gbcbig.shx 可以用来书写汉字。一般用 gbeitc.shx 和大字体 gbcbig.shx 来完成工程图中的文字书写，这样在书写数字、字母和汉字的过程可以采用一种文字样式。现以创建一种符合中国文字要求的文字样式 GB 为例，论述一下文字样式的创建。

图 6-4　长仿宋字体

创建文字样式有以下三种方法：

（1）命令：Style（St）；

（2）菜单："格式"→"文字样式"；

（3）"文字"工具栏："文字样式"按钮。

执行后，会弹出"文字样式"对话框，单击新建输入名字 GB，可以看到系统自带了
Annotative 和 standard 两种文字样式。将字体调整为 gbeitc.shx 后勾选大字体选项，然后在
大字体里面选择 gbcbig.shx。其余保持默认设置，结果如图 6-5 所示。

图 6-5 GB 文字样式

提示：

机械制图中规定汉字字体应为长仿宋，为了更符合中国人的制图习惯，可以下载长仿
宋字体，将其保存于 C:\Windows\Fonts 中，这样重启 AutoCAD 就可以找到长仿宋字体。
先建立长仿宋的文字样式："新建"→"长仿宋"，将字体选择为 Truetype 下的长仿宋，如
图 6-6 所示。

图 6-6 长仿宋文字样式

6.2.2 多行文字的应用

Mtext 命令生成的文字对象称为多行文字，可以创建复杂的文字说明，由任意数目的

文字行组成，所有的文字字符构成一个单独的实体。文字字符可以具有不同的文字属性，采用不同的字体，但文字样式必须是唯一的，可以具有更多的文字效果。

创建多行文字有三种方式：

（1）命令：Mtext（T）；

（2）菜单："绘图"→"文字"→"多行文字"；

（3）"绘图"工具栏："多行文字"按钮 A。

特殊形式的文字书写往往采用堆叠控制字符控制（图 6-7）。常用的堆叠字符有三种："/"，即分数，堆叠后转化为"—"；"^"，即公差，堆叠后字符一上一下，中间无符号；"#"，即斜线分开，堆叠后转化为"/"。堆叠文字输入方式为左边文字+堆叠控制字符+右边文字，选择后，单击文字框上"堆叠"按钮 ，或选择文字后在右键菜单中选择"堆叠"。

$$10^3 \quad D_1 \quad \phi25^{+0.029}_{-0.013} \quad \phi25^{H7}_{c6} \quad \phi25\dfrac{H7}{c6}$$

$$\phi25^{H7}\!/_{c6} \quad \dfrac{II}{2:1} \quad \dfrac{B\text{-}B}{5:1}$$

图 6-7　堆叠字符的应用

单击"绘图"工具栏中按钮 A，弹出"文字格式"工具栏如图 6-8 所示。

图 6-8　"文字格式"工具栏

在书写文字区域输入 103^，然后选中 3^，单击鼠标右键选择"堆叠"命令。在输入区输入 D^1，选中^1，单击鼠标右键后选择"堆叠"。在"文字格式"工具栏上单击 @· 按钮的小三角后选择"直径"，然后输入 25H7H^c6，将 $\phi25$ 选中，字体大小设置为 3.5，然后将 H7^c6 选中，字体设置为 2.5 并单击 。按空格键后输入%%C25 H7^c6,选中 H7^c6 后将字体设置为 2.5，单击 。按空格键后输入%%C25H7#c6，将 H7#c6 选中后字体调为 2.5，单击"堆叠"按钮。按空格键后输入%%C20 0.029^-0.013，选中 0.029^-0.013，设置字体为 2.5 后堆叠。按空格键后输入 B-B/3:1 后选中，将字号设置为 3.5，单击"堆叠"按钮。

技术要求是图纸的必要组成部分，用规定的符号、代号、标记和简要的文字表达出对零件制造和检验时所达到的各项技术指标和规定，一般位于图纸的右下角。图 6-9 所示为多行文字输入，文字样式采用 GB，技术要求为 7 号字体，文字采用 5 号字，汉字采用长仿宋，数字和字母采用 gbeitc.shx。

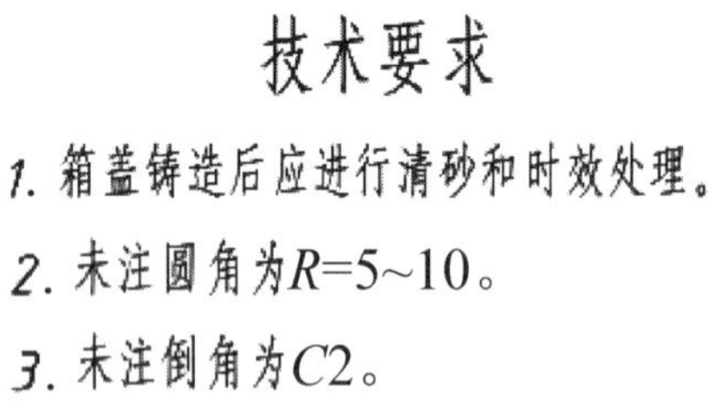

技术要求

1. 箱盖铸造后应进行清砂和时效处理。

2. 未注圆角为R=5~10。

3. 未注倒角为$C2$。

图 6-9　多行文字应用示例

单击"绘图"工具栏上的"多行文字"按钮 A，通过指定矩形区域的左下交点和右上交点确定文本框的长度和宽度。将文字样式选择为 GB，字体选择长仿宋，字号设置为 5，输入技术要求。将字号修改为 3.5，按 Enter 键后进行换行，完成多行文字的输入后，选中多行文字中字母和数字，将字体调整为 gbeitc.shx。第二行中"～"效果不理想是字体造成的，将"～"选中，将字体调整为 geniso。文字输入完成后将光标定位于技术要求之前。拖动图示三角，将技术要求移动至文本框中央（图 6-10）。

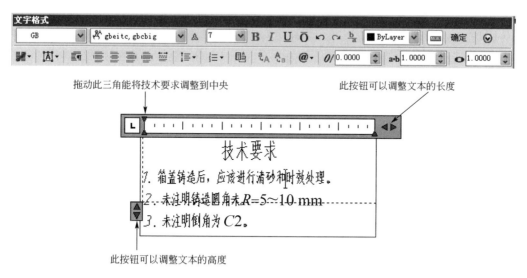

图 6-10　多行文字的调整

图纸上经常用到一些特殊的符号，特殊符号的输入有很多种方法，涡轮分度圆直径为 30mm、齿形角 $\alpha = 20°$，导成角 $\gamma = 14°$。单击"绘图"工具栏上"多行文字"按钮，字号设置为 3.5。完成一般文字输入后，将鼠标放到输入法图标的软键盘上右键单击，选择希腊文字中的 α、γ 输入，将其字体调整为 symbol，输入后单击软键盘将其取消。输入法图标如图 6-11 所示。例如 α_i' 复杂数学形式的输入可以在 Word 中用公式编辑器编辑后，采用 Ctrl+C 复制后用 Ctrl+V 粘贴到 AutoCAD 中。

图 6-11　输入法图标

说明：

多行文字的编辑：双击所要编辑的文字就进入了文字的编辑状态，可以改变文字的字号、字体。在一段文字中可以采用不同的字体，但只能采用一种文字样式，如果调整文字样式，整段文字的样式都将发生改变。

6.2.3　标注的应用

标注样式是标注设置的集合，用来控制标准的外观，如箭头形式、文字位置和尺寸公差等。标注样式决定标注效果，没有一种标注样式能解决所有的标注问题。在创建标注样式时创建一种通用的标注样式，需要特殊情况标注时，采用"替代"命令建立特殊的标注，完成特殊需求的标注后取消替代回归通用的标注样式，或者采用"编辑"命令完成特殊标注。现创建一个名称为 GB 的通用文字样式。执行"格式"→"标注样式"，弹出标注样式管理器（图 6-12），单击"新建"，输入名称 GB，其余保持默认设置，单击"继续"（图 6-13）。

设置"线"选项卡如图 6-14 所示，其中尺寸线和尺寸界线采用 ByLayer，基线间距设置为 5，超出尺寸线 2，起点偏移量为 0，其余保持默认设置。设置"符号与箭头"选项卡如图 6-15 所示，尺寸线终端形式设为箭头，大小为 3.5，圆心标记为 3.5，其余保持默认设置。设置"文字"选项卡如图 6-16 所示，文字样式为 GB，大小为 3.5，其余保持默认设置。设置"主单位"选项卡如图 6-17 所示，精度为 0，分隔符号为句点。"公差"选项卡设置如图 6-18 所示。继续单击"新建"，出现副本 GB，不需要修改名称，用于角度（图 6-19）。调整"文字"选项卡，将文字对齐调整为水平（图 6-20）。继续新建标注样式，用于直径，将"文字"选项卡中文字对齐调整为 ISO 标准（图 6-21）。通过以上标注样式的设置创建了一个符合中国制图规范的通用标注样式。

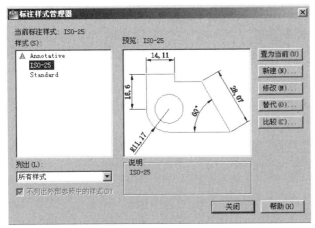

图 6-12　标注样式管理器

图 6-13　GB 标注样式的命名

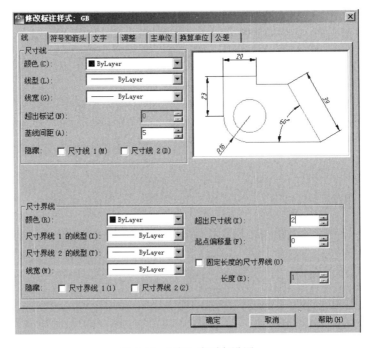

图 6-14　"线"选项卡设置

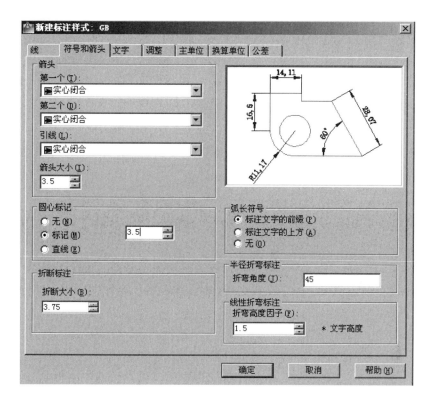

图 6-15　"符号和箭头"选项卡

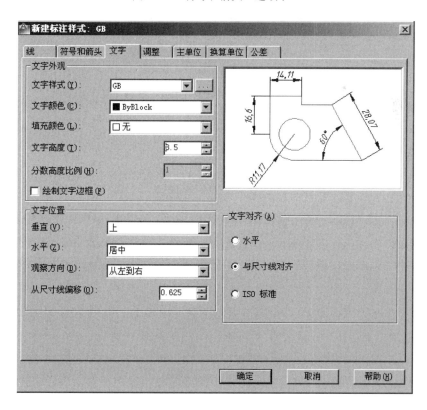

图 6-16　"文字"选项卡设置

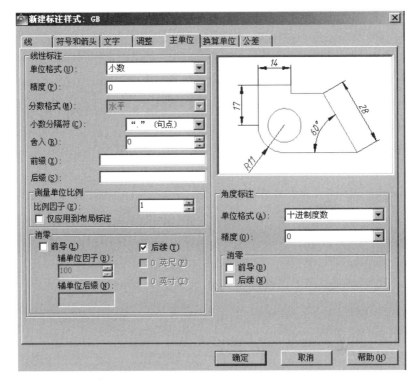

图 6-17 "主单位"选项卡设置

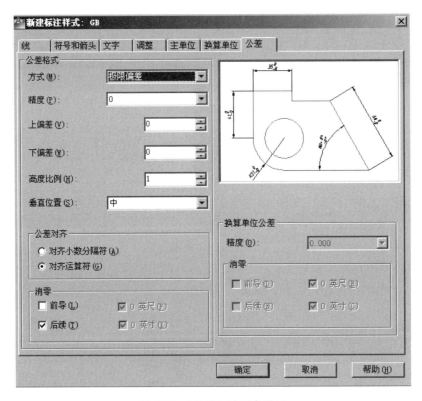

图 6-18 "公差"选项卡设置

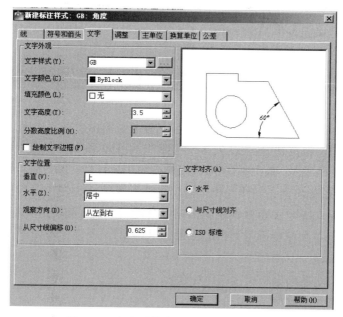

图 6-19　角度子样式命名

图 6-20　角度子样式"文字"选项卡设置

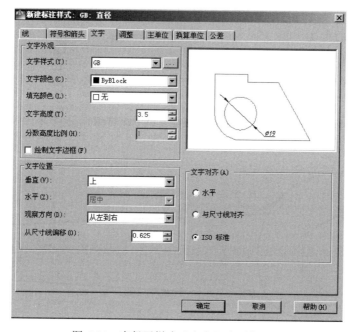

图 6-21　直径子样式"文字"选项卡设置

【例 6.1】 根据机械制图有关规定完成图 6-22 扳手零件图的标注。

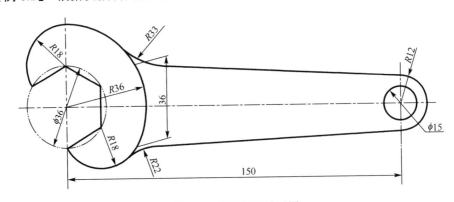

图 6-22　扳手标注效果图

（1）按 1:1 绘制扳手的图形。

（2）设置 GB 的标注样式后将其置为当前可用标注样式。

（3）将当前图层切换到细实线层。标注线性尺寸 150 和 36。执行"标注"→"线性标注"命令，打开对象捕捉，捕捉 φ36 和 φ15 的圆心后用鼠标确定其位置，标注 150 尺寸。在标注 36 尺寸前，首先将两条斜线延长至圆，交点为 A 和 B。单击"标注→线性标注"命令，打开对象捕捉，捕捉 A 和 B 两点，根据命令提示，输入旋转角度 15°，然后输入 M，将标注数字改为 36，用鼠标确定其合适位置（图 6-23）。具体命令如下。

命令: _dimlinear

指定第一个尺寸界线原点或 <选择对象>:

指定第二条尺寸界线原点:

指定尺寸线位置或

[多行文字(M)/文字(T)/角度(A)/水平(H)/垂直(V)/旋转(R)]: r

指定尺寸线的角度 <0>: 15

指定尺寸线位置或

[多行文字(M)/文字(T)/角度(A)/水平(H)/垂直(V)/旋转(R)]: m

指定尺寸线位置或

[多行文字(M)/文字(T)/角度(A)/水平(H)/垂直(V)/旋转(R)]:

标注文字 ＝35

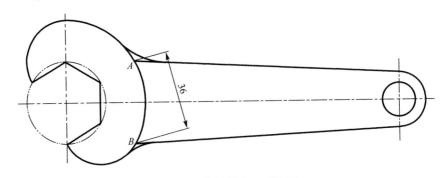

图 6-23　旋转尺寸 36 的标注

执行"标注"→"直径"命令，选择φ15的圆直接标注。然后标注圆φ36，GB 的标注样式在标注放圆内时无法直接标注，首先标注后只显示一半，采用"分解"命令分解后采用"复制""旋转"命令完成另一半尺寸线及箭头，移动文字至尺寸线上方。具体的命令流如下。

命令: _dimdiameter

选择圆弧或圆:

标注文字 = 36

指定尺寸线位置或 [多行文字(M)/文字(T)/角度(A)]:

命令: 指定对角点或 [栏选(F)/圈围(WP)/圈交(CP)]:

命令: _explode 找到 1 个

命令: _rotate

UCS 当前的正角方向: ANGDIR=逆时针　ANGBASE=0

选择对象: 指定对角点: 找到 2 个

指定基点: ＜打开对象捕捉＞

指定旋转角度，或 [复制(C)/参照(R)] <180>: 　c

旋转一组选定对象。

指定旋转角度，或 [复制(C)/参照(R)] <180>: 　180

执行"标注"→"半径"命令，选择相应的圆弧完成半径标注。

机械零件中零件的配合表面要求精度较高，需要标注尺寸公差。尺寸公差是指实际生产中尺寸可以上下浮动的数值。生产中的公差，可以控制部件所需的精度等级。同时尺寸公差也决定了一个零件的经济性，精度等级越高加工成本越高。如果标注值在两个方向上变化，所提供的正值和负值将作为极限公差附加到标注值中。如果两个极限公差值相等，AutoCAD 将在它们前面加上"±"符号，也称为对称。否则，正值将位于负值上方。尺寸公差的标注方法有三种:

（1）通过为标注文字附加公差的方式，直接将公差应用到标注中。

（2）通过特性面板来实现。

（3）通过设置标注样式中的公差选项。

【例 6.2】　按图 6-24 所示 1:1 绘制零件图，并完成公差尺寸的标注。

在标注肋板宽度 8 时,标注完成后需要选中数字 8 的文字夹点然后把文字移动到外边，然后选中箭头的夹点，夹点变红色后右键单击，选择翻转箭头。在进行小尺寸标注时，可以将箭头改为点，修改方法为选中标注后右键单击，在弹出的属性栏中将箭头调整为点。用作指数、分数、极限偏差的数字及字母，一般采用小一号字体。执行"标注"→"直径"命令，选择对应圆弧，输入 M，单击文字工具栏中@右边小三角，选择直径后输入+0.05^-0.03，根据用作指数、分数、极限偏差的数字及字母，一般采用小一号字体的规定，将+0.05^-0.03 选中后字体调整为 2.5，并将其选中右键单击选择"堆叠"完成极限公差标注。执行"标注"→"线性标注"命令，捕捉 40 尺寸的两个端点，输入 M，单击"文字"

工具栏中@右边小三角，选择±后输入 0.1，如果在标注的过程中"±"不能正常显示，将"±"号选中后调整字体。其余按未注公差尺寸标注。

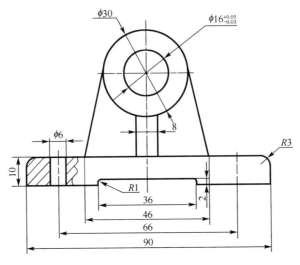

图 6-24　支座尺寸公差标注

6.3　实训项目

（1）完成以下文字输入。

提示：特殊文字的输入可以采用公式编辑器编辑以后采用 Ctrl+C 和 Ctrl+V 的方式实现。

$$k'_r \qquad \gamma_o \qquad a^2 \qquad \phi25\frac{H6}{m5} \qquad \phi25^{+0.010}_{-0.023}$$

$$\alpha \qquad \lambda \qquad \phi25\frac{H7}{h6} \qquad I \qquad II \qquad III$$

（2）采用标注编辑命令完成图 6-25 所示小尺寸标注。

提示：完成标注后选择"属性"，将中间尺寸箭头调整为小点，左右的箭头大小调整为 2.5，选择要翻转的箭头后右键单击选择翻转箭头。文字的调整可以用文字的夹点调整。

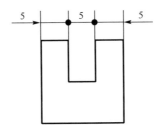

图 6-25　小尺寸的标注

（3）采用 GB 文字样式完成图 6-26 所示吊钩的标注。

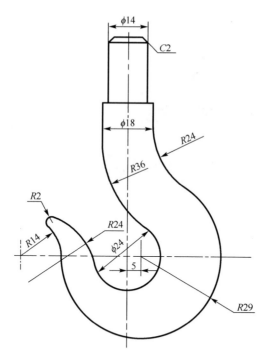

图 6-26　吊钩标注

（4）采用 GB 标注样式完成轴的断面图（图 6-27）的尺寸公差标注。

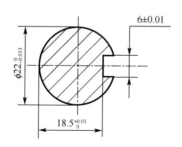

图 6-27　轴断面图尺寸公差标注

第**7**章 ▷▷▷ ▶▶▶
块的应用

🖎 项目导读

图块是 AutoCAD 的特色功能之一，将多个对象组合成一个对象，可以反复通过插入操作重复调用。在机械制图实践中常常把表面粗糙度符号、基准代号、焊接符号及常用标准件制成图块，这样可以极大地提高绘图速度。

🖎 项目学习目标

➤ 掌握绘制粗糙度符号和基准符号的方法。
➤ 掌握块的定义，块属性创建，插入操作技巧。

7.1 机械制图基础理论

7.1.1 块的定义

块是一个或多个连接的对象，用于创建单个的对象。块能作为独立的绘图元素插入到一张图纸中，进行任意比例的转换、旋转并放置在图形中的任意地方。用户还可以将块进行分解成为其组成对象，并对这些对象进行编辑操作，然后重新定义该块。根据创建块的不同形式和功能，大致将块分为内部块和外部块。

（1）内部块　只能存在于定义该块的图形中，其他图形文件不能使用该图块。

（2）外部块　可作为一个图形文件单独存储在磁盘等媒介上，可以被其他图形引用，也可以单独被打开。

7.1.2 表面粗糙度

表面粗糙度是指加工表面的凹凸不平、形成微观几何形状误差的较小间距的峰谷，一般由切削刀具的几何特征、材料的物理塑性及振动等因素形成，属于微观几何精度范畴。通俗地讲，零件表面经加工后遗留的痕迹，在微小的区间内形成的高低不平的程度即形成粗糙的程度，用数值表现出来，作为评价表面状况的一个依据。它是研究和评定零件表面粗糙状况的一项质量指标，是在一个限定的区域内排除了表面形状和波纹度误差的零件表面的微观不规则状况。在图纸上为反映零件表面质量要标注零件粗糙度值大小。常用的粗糙度符号有两种：一种是采用去除材料方式获得的，另一种是采用不去除材料的方法获得的，如图 7-1 所示。

图 7-1 粗糙度常用符号示意图

如图 7-1 所示，绘制粗糙度符号的线宽 d'、H_1、H_2 都与字体高度有关，其计算公式如下：

$$H_1 \approx 1.4h, \quad H_2 \approx 2H_1, \quad d' = \frac{1}{10}h$$

当粗实线采用 0.5mm 线宽，细实线采用 0.25 线宽，字体高度为 3.5 时，国家标准推荐在绘制粗糙度符号时采用 0.35 线宽，H_1 取 5mm，H_2 取 11mm。绘制完成的效果图如图 7-2 所示。当粗实线采用 0.7mm 线宽，细实线采用 0.35 线宽，字体高度为 5 时，国家标准推荐在绘制粗糙度符号时采用 0.5 线宽，H_1 取 7mm，H_2 取 15mm。

7.1.3 基准代号

基准代号由基准符号（等腰三角形涂黑或空白）、正方形框格、连线和字母组成。基准符号用细实线与正方形框格连接，连线一端垂直于基准符号底边，另一端应垂直于框格一边且过其中点，细线的长度根据标注空间可适当调整，无论基准代号在图形中的方向如何，基准字母都应该水平注写，设字高为 h，则三角形的边长为 h，正方形的高为 $2h$，如图 7-3 所示。

图 7-2 粗糙度常用符号示意图   图 7-3 基准符号示意图

7.2 案例分析

7.2.1 粗糙度符号应用案例分析

（1）设置图层名字为粗糙度符号的图层，线宽为 0.35mm，其余保持默认设置，并把该图层置为当前图层。

（2）创建 GB 的文字样式，在"SHX 字体"下拉列表中选择 gbeitc.shx，"大字体"设置为 gbcbig.shx。可以采用相对坐标，"直线"命令、"偏移"命令完成图形绘制

（图 7-4）。

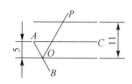

图 7-4　粗糙度符号绘制过程

（3）采用相对坐标时，先单击"直线"按钮，其命令窗口如下。

命令: _line 指定第一点:　　　　　//在屏幕上单击 A 点

指定下一点或 [放弃(U)]: @10<-60

指定下一点或 [放弃(U)]:　　　　//按 Enter 键

命令: _line 指定第一点:　　　　//对象捕捉打开，捕捉 A 点

指定下一点或 [放弃(U)]: ＜正交 开＞20

指定下一点或 [放弃(U)]:　　　//按 Enter 键

命令: _offset

当前设置: 删除源=否　图层=源　OFFSETGAPTYPE=0

指定偏移距离或 [通过(T)/删除(E)/图层(L)] <11.0000>:　5

选择要偏移的对象，或 [退出(E)/放弃(U)] <退出>:　//选择直线 AC

指定要偏移的那一侧上的点，或 [退出(E)/多个(M)/放弃(U)] <退出>:// 单击直线下面一点。

命令: _line 指定第一点:　　　　//对象捕捉 O 点

指定下一点或 [放弃(U)]: ＜正交 关＞@15<60

指定下一点或 [放弃(U)]:　//// 按 Enter 键

命令: _offset

当前设置: 删除源=否　图层=源　OFFSETGAPTYPE=0

指定偏移距离或 [通过(T)/删除(E)/图层(L)] <11.0000>: 11

选择要偏移的对象，或 [退出(E)/放弃(U)] <退出>:　//选择 AC 下方的水平线

指定要偏移的那一侧上的点，或 [退出(E)/多个(M)/放弃(U)] <退出>:// 单击直线上面一点

（4）最后通过"修剪"命令绘制如图 7-2 所示几何形状。

（5）采用"多行文字"命令在最上面一条水平线下用 3.5 号字 GB 样式书写 Ra，并书写在细实线层上。通过菜单的方式定义块属性，选择"绘图"→"块"→"定义属性"。在"属性"→"标记"中输入 0.8，"提示"中输入"请输入粗糙度值"，默认输入 0.8，"对正方式"选择左对齐，"文字样式"采用 GB，字高为 3.5，"注释性"前勾选，其设置如图 7-5 所示。设置完成后单击"确定"，将 0.8 写在 Ra 的后面。

内部块只能被当前文件引用，随文件保存，可以在命令区输入 B 或选择"绘图"→"块"→"创建"。外部块以独立文件存储可以被任何图形文件引用，其应用比内部块更加广泛。本例以创建外部块为例。在命令提示区输入外部块命令 WBLOCK 或 W，弹出"写块"对话框，如图 7-6 所示。单击"拾取点"前"拾取"按钮，打开对象捕捉，捕捉粗糙度符号等边三角形下方点。单击"选择对象"前面按钮，采用窗口选择或者交叉窗口选择方式选中由前两步完成的图形和文字。修改保存路径并保存为名字为 CCD 的块。

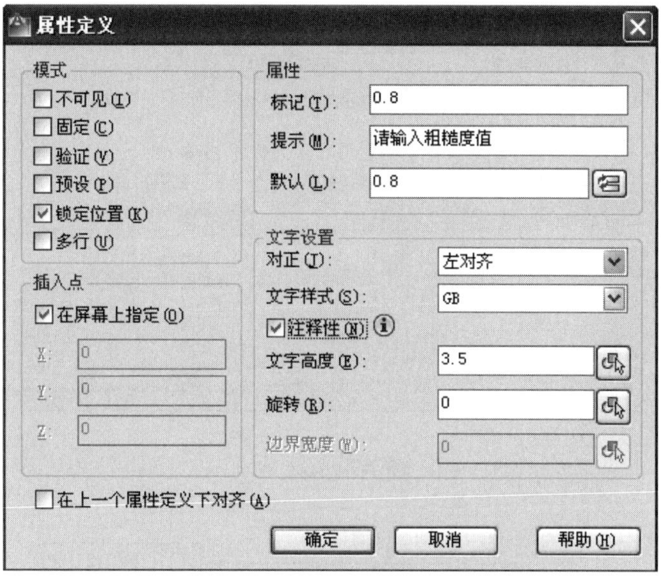

图 7-5　块属性定义对话框

图 7-6　创建外部块

外部块以一个独立文件存储在计算机的硬盘上，可以被任何文件引用。打开已经绘制好的套筒零件图，通过"插入"→"块"的方法标注粗糙度值。单击"绘图"工具栏中的"块插入"按钮，或者执行"插入"→"块"命令，或者在命令提示区输入 INSERT 命令，弹出"插入"对话框（图 7-7）。通过"浏览"按钮找到粗糙度块保存的硬盘地址，旋转角度输入 90，命令提示区会提示指定插入点，这时应该在图形的左轮廓处指定插入点，并在提示区出现"请输入粗糙度值"时输入 1.6。而在标注两个水平位置粗糙度时旋转角度为 0，指定插入点的位置如图 7-8 所示，在命令提示区出现"请输入粗糙度值"时分别输入 1.6 或 3.2，效果图如图 7-8 所示。

图 7-7　插入块

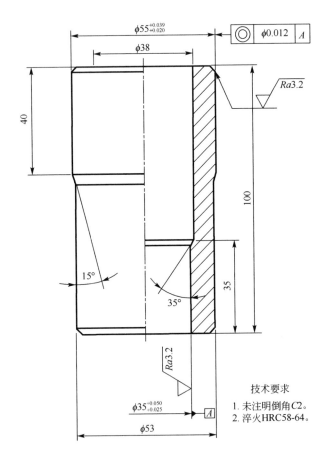

图 7-8　块插入后的效果图

7.2.2　基准代号应用案例分析

（1）绘图准备　新建粗实线层，线宽为 0.5mm；新建细实线层，线宽为 0.25mm。创建 GB 的文字样式，在"SHX 字体"下拉列表中选择 gbeitc.shx，"大字体"设置为 gbcbig.shx。

将细实线层置为当前，绘制边长为 7 的正方形。启用对象捕捉的中点模式，采用多段线命令绘制下边的垂线和黑色三角形。将垂线的起始线宽设计为 0.25，直线的长度设定为 8，将下面三角形的起点线宽设置为 0，终点线宽设置为 3.5，长度为 3 mm。其命令提示区命令如下。

命令：_rectang

指定第一个角点或 [倒角(C)/标高(E)/圆角(F)/厚度(T)/宽度(W)]：//屏幕上单击任意一点。

指定另一个角点或 [面积(A)/尺寸(D)/旋转(R)]：@7,7

命令：_line 指定第一点：//对象捕捉正方形最下面边的中点。

指定下一点或 [放弃(U)]：8

指定下一点或 [放弃(U)]：//按 Enter 键。

命令：_pline

指定起点：//捕捉垂下下面端点。

当前线宽为 0：

指定下一个点或 [圆弧(A)/半宽(H)/长度(L)/放弃(U)/宽度(W)]：w

指定起点宽度 <3.5000>：0

指定端点宽度 <0.0000>：3.5

指定下一个点或 [圆弧(A)/半宽(H)/长度(L)/放弃(U)/宽度(W)]：3

指定下一点或 [圆弧(A)/闭合(C)/半宽(H)/长度(L)/放弃(U)/宽度(W)]：//按 Enter 键。

（2）定义块属性　通过菜单的方式定义块属性，选择"绘图"→"块"→"定义属性"。在"属性"→"标记"中输入 JZ，"提示"中输入"请输入基准字母"，默认输入 A，"对正"方式选择正中，"文字样式"采用 GB，字高为 3.5，在"注释性"前勾选，其设置如图 7-9 所示。设置完成后单击"确定"，将 JZ 书写在正方形的中间，位置不正确时采用"移动"命令使其位于中心，完成后效果如图 7-10 所示。

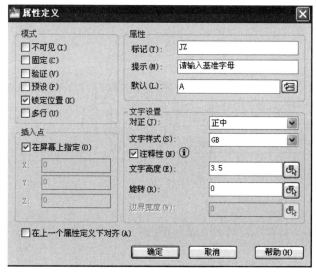

图 7-9　基准代号中块属性定义

图 7-10　基准符号效果图

（3）创建内部块　内部块只能被当前图形文件引用，选择"绘图"→"块"→"创建"，或者单击"绘图"工具栏中的"创建块"按钮，或者在命令提示区输入 BLOCK 后按 Enter 键，弹出"块定义"对话框。单击"拾取点"前"拾取"按钮或单击"对象捕捉"工具栏上的"捕捉自"命令，捕捉基准符号的三角形的中点，打开"对象追踪捕捉"，追踪中点正下方，输入偏移距离 2mm。采用"窗口选择"或者"交叉窗口"选择选择前两步创建的对象，启动块的注释性，这样在布局出图的视口比例不是 1:1 时，不会随比例的变化而改变基准代号块在图纸上的大小，内部块的定义设置如图 7-11 所示。

图 7-11　内部块定义设置

（4）块的插入　内部块只能被当前图形引用，所以要在建基准块的文件中绘制图 7-12 所示轴类零件。

① 单击"绘图"工具栏中的"块插入"按钮，或者执行"插入"→"块"命令，或者在命令提示区输入 INSERT 命令。

② 插入点的位置应该为尺寸延伸线上，在命令提示区提示"请输入基准符号"时输入 B，其效果如图 7-12 所示。

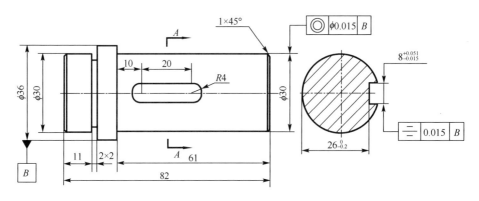

图 7-12　内部块基准代号的插入效果图

（5）块的编辑操作　如果用户需要对块的属性进行修改，可以将要修改的块选中，选择"修改"→"对象"→"属性"单个进行编辑。最简单的方法是在需要编辑的块上左键双击，同样也可以弹出增强属性编辑器（图 7-13），用户可以通过"属性"选项卡的"值"
文本框更改基准符号、基准字母，同时可以通过如图 7-14 所示"文字选项"选项卡的修改
文字样式、对正、高度等内容。在图 7-15 所示"特性"选项卡中可以修改所在图层、线型
和线宽等。

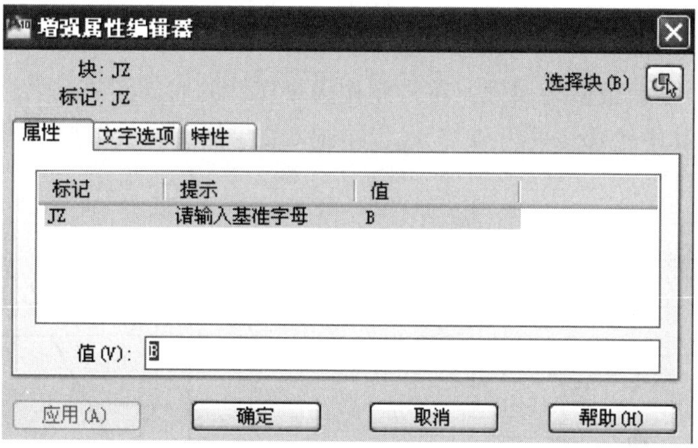

图 7-13　增强属性编辑器"属性"选项卡

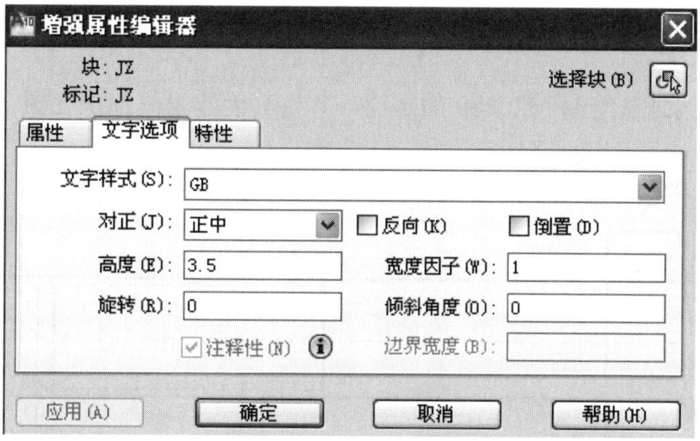

图 7-14　增强属性编辑器"文字选项"选项卡

图 7-15　增强属性编辑器"特性"选项卡

7.3　实训项目

（1）将基准符号制作为含属性的内部块，将基准字符 A 设置为属性，字体样式采用 GB+考生姓名，字体为 3.5 号字体。图块名称：基准符号。其具体尺寸如图 7-16 所示，绘图时，尺寸无需标注。

（2）粗糙度（Ra 数值为属性）符号制作成带属性的内部图块，名称为粗糙度符号，Ra 字高为 3.5。其中轮廓线采用 0.35 线宽绘制，文字用细实线图层书写，尺寸如图 7-17 所示，尺寸无需标注。

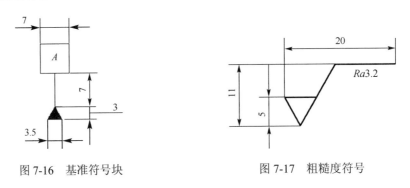

图 7-16　基准符号块　　　　　　　图 7-17　粗糙度符号

（3）按照比例画法绘制 M20×80 的螺栓，并将其创建为外部块（图 7-18）。

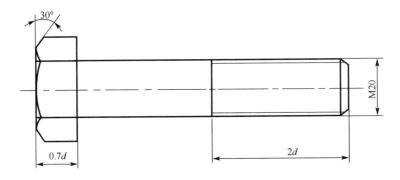

图 7-18　M20×80 螺栓块

第8章
表格应用

项目导读

表格在机械制图的实践中被广泛应用，其所表达的信息是基本视图的必要补充，可以用来绘制明细表、标题栏和齿轮参数表。

项目学习目标

- ➢ 掌握表格样式的设计。
- ➢ 掌握表格的绘制技巧和编辑技巧

8.1 机械制图基础理论

8.1.1 明细表

明细表应用于装配图之中，通常画在标题栏上方，与标题栏相连，按自下而上的顺序填写，如果位置不够可以紧靠在标题栏的左边自下而上延续。明细表一般由序号、代号、数量、名称、材料、质量和备注组成。

8.1.2 标题栏

标题栏一般位于图纸的右下角或下方，由粗实线和细实线组合而成，在生产实践中图纸是经层层审核和批准才生效的，在企业出现生产质量问题时是追究责任的依据。其格式要求如图 8-1 所示。

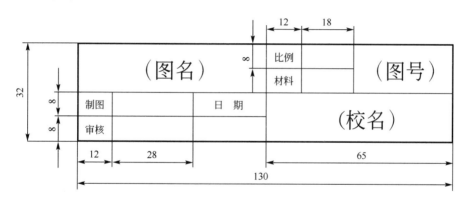

图 8-1　标题栏

8.1.3　齿轮参数表

在绘制齿轮时，图形上无法表达全齿轮的基本参数信息，通过创建齿轮参数表，准确给定齿轮的模数 m、齿数 z、压力角 α、精度等级，如图 8-2 所示。此表格外框用粗实线，内框用细实线，表格内文字采用 5 号字体书写，表格高度为 7mm，表格的长度、方向根据字体的长度设计。

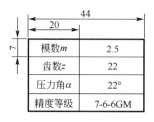

模数m	2.5
齿数z	22
压力角α	22°
精度等级	7-6-6GM

图 8-2　齿轮参数表

8.2　案例分析

本案例讲解明细表的绘制。

明细表按照国家制图规范有严格尺寸要求，字体选择居中，字体的大小应该根据表格的大小做适当调整，序号、代号、数量、名称、材料、质量和备注等建议采用 5 号字体，具体的零件信息采用 3.5 字体书写，其中汉字采用宋体，字母和数字采用 A 型字，并采用斜体字头向右呈 75°的斜体书写。在设计文字样式时采用 CAD 本身自带的字库，图 8-3 下面大的单元格在工程实践中应该是图 8-1 所示的标题栏。此处为训练表格的绘制做适当简化。

序号	代号	名称	数量	材料	备注
7	GB/T 5783	六角头全螺纹螺栓M12×60	12	铝	
6	JQR-1	胸腔	1	铝合金	
5	JQR-2	底盘连接座	1	铝合金	
4	3GB/T 93	标准弹簧垫圈	20	橡胶	
3	JQR-3	髋关节	2	铝合金	
2	GB/T 70	内六角圆柱头螺钉M5×30	30	铜/8.8	
1	GB/T 119	圆柱销A6×30	4	35铜	
序　号	代　号	名　称	数　量	材　料	备注

图 8-3　机器人明细表

【例 8.1】 以图 8-3 所示机器人明细表为例。

创建过程：

（1）创建文字样式："格式"→"文字样式"，弹出文字样式设计框；或在"文字"工具栏中单击"文字样式"按钮 **A**，弹出"文字样式"对话框。

（2）单击"新建"按钮，弹出"新建文字样式"对话框，在"样式名"文本框中输入GB，单击"确定"按钮，回到"文字样式"对话框。

（3）选择"使用大字体"复选框，在"SHX 字体"下拉列表中选择 gbeitc.shx，"大字体"设置为 gbcbig.shx，gbeitc.shx 控制字母和数字，gbcbig.shx 控制汉字为宋体，具体设置如图 8-4 所示。

（4）单击"应用"按钮，单击"置为当前"按钮，单击"关闭"按钮完成设置。

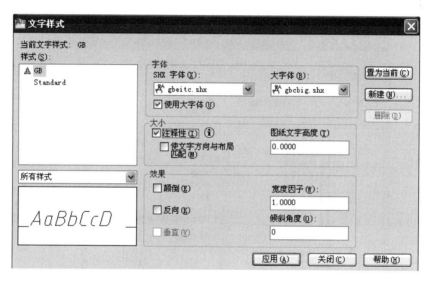

图 8-4 文字样式设置

（5）一个完整的表格由标题、表头和数据组成，用户根据自己的设计目标可以对其做对应设计。创建表格样式：表格样式决定表格效果正如生产力决定生产关系一样，所以分析设计目标，设计恰如其分的表格样式至关重要。通过菜单的方式设计表格样式："格式"→"表格样式"，新建名字为"明细栏"的表格样式。单击"新建"按钮，弹出"表格样式"对话框（图 8-5），在"新样式名"文本中输入明细表，单击"继续"按钮，出现"表格样式"对话框，效果如图 8-6 所示。表格方向向上，"单元样式"中选择数据，在"常规"选项卡中对齐方式设置为正中，水平和垂直页边距为 0。然后单击"文字"选项卡，文字样式设置为 GB，字体高度为 3.5；单击"边框"选项卡，设置边框特性如图 8-7 所示。

设置完单元样式数据单元格后，单击后面的对号，选择表头，其下面的常规、边框的设置如数据单元格一样。最后单击表头后面对号选择标题，其常规的设置如同数据的设计，"文字"选项卡文字样式为 GB，文字高度设置为 5；"边框"选项卡设置线宽为 0.5，再单击"边框"选项卡的第二个按钮，使标题栏的外边框的线宽为 0.5。其详细设计如图 8-8 所示。单击"确定"按钮，然后单击"置为当前"，使明细表样式成为当前可应用的样式。

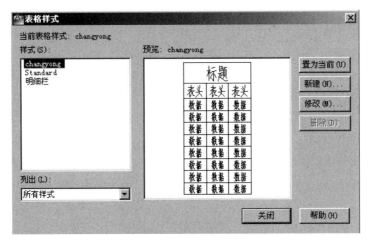

图 8-5　"表格样式"对话框

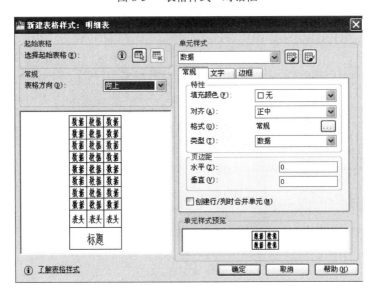

图 8-6　明细表设置

图 8-7　数据单元样式文字、边框设置

图 8-8 标题单元样式的文字和边框设计

（6）绘制明细表 通过菜单"绘图"→"表格"，也可以通过单击"绘图"工具栏"表格"按钮 ▦，弹出"插入表格"对话框，其设计参数如图 8-9 所示。根据明细表的情况设置 8 行，列宽为任意值，数据行应该为 8，行高设计为 1 行。设置完参数后单击"确定"，在文件屏幕上单击一点指定表格位置，效果如图 8-10 所示。

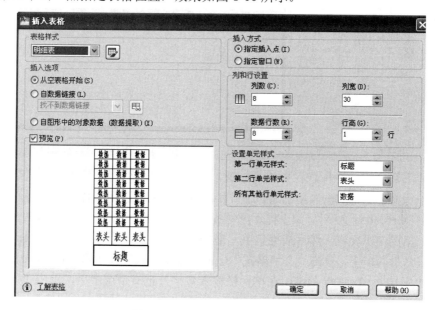

图 8-9 插入表格行列数设计

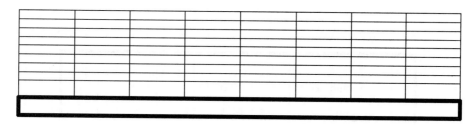

图 8-10 表格效果图

（7）明细表的编辑 单击选中标题栏单元格，右键单击选择"特性"，将单元格宽度设置为 180，高度设置为 56。同理选中第一列单元格，方法是单击第一行中的第一个单元格，按下第一列的最下行单元格，单击右键，选择"属性"，设置单元宽度为 8，高度为 7。选择第二列第一行单元格，右键单击选择"属性"，将单元格宽度设置为 44，用同样的方法分别设置行宽为 44、8、38、10、12、20。选中标题栏上面所有单元格，方法是单击左上角单元格后，按下 Shift 键选中右下角单元格，右键单击选择边框，弹出单元边框特性如图 8-11 所示，调整线宽为 0.5，单击左边框和右边框按钮。选中第一列中最下面的一个单元格后按下 Shift 键，选择其上面的单元格，右键单击后选择"合并"→"全部"。同理选中需要合并的单元格后，右键选择"合并"→"全部"。其效果如图 8-12 所示。

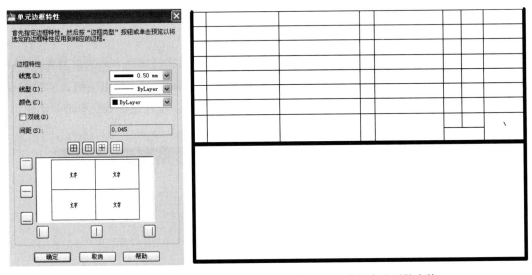

图 8-11　单元边框特性设置　　　　　图 8-12　编辑完成后的表格

（8）书写文字　在标题栏中双击左键，弹出"文字格式"，输入机器人装配明细表，同理在单行文字中都双击表格书写。序号和数量两行的需要用多行文字书写，选择"绘图"→"文字"→"多行文字"。命令提示区中提示指定第一个交点，这时打开对象捕捉，捕捉到该单元格的左下交点，然后捕捉到单元格的右上交点。输入序号后按 Enter 键换行输入，选中"序号"两个字，单击"文字格式"中的"对正方式"按钮后，选择正中。对于第一列中的序号 1、2、3 等双击所在单元格输入数字，把文字选中后，单击"文字样式"中的"对正方式"按钮后选择对正方式为正中。完成后的效果如图 8-3 所示。

说明：

对于复杂的表格，AutoCAD 允许通过 Excel 创建表格。首先创建图 8-13 所示的 Excel 表格，保存命名为明细表。选择"绘图"→"表格"命令，弹出"插入表格"对话框。单

5	JQR-1				
4	GB/T 90.1	内六角螺钉	6		
3	GB/T 97.1	$\phi8$ 弹簧垫片	6		
2	JQR-2	连接座	1	铝合金	
1	JQR-1	髋关节	1	铝合金	
序　号	代　号	名　称	数量	材　料	备注

图 8-13　Excel 明细表

击"自数据链接"按钮，在下拉列表中启动"数据连接管理器"，打开"选择数据链接"，单击"创建新的 Excel 数据链接"，弹出输入数据链接名称，在名称中输入明细表，单击"确定"，其操作步骤如图 8-14 所示。

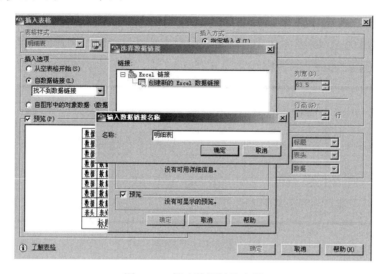

图 8-14　新建数据链接步骤

在新建 Excel 数据链接中单击███按钮，在计算机中找到 Excel 文件明细表的存储位置，然后打开明细表（图 8-15），随后在弹出的菜单中单击"确定"按钮，最后在"表格插入"中指定插入点的位置。根据具体的文字、边框要求进行表格的进一步编辑。

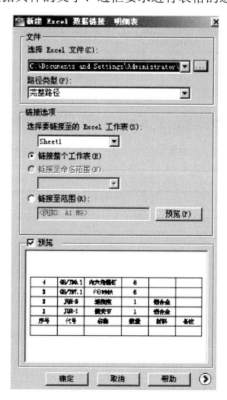

图 8-15　新建数据链接明细表

8.3　实训项目

（1）创建表格样式（图 8-16）：明细表，没有标题和表头，仅有数据单元，文字样式为 GB，文字高度为 5，对齐方式为正中，表格总宽度为 180，每列宽度为 30，每行高度为7，外边框线宽为 0.5mm，内边框线宽为 0.25mm。

5					
4					
3					
2					
1					
序　号	代　号	名　称	数量	材　料	备注

图 8-16　明细表

（2）绘制如图 8-17 所示的明细表。

8		定位轴	1	45	
7		隔套	1	Q235	
6		轴	1	35	
5		上盘	1	35	
4	6304GB/T 276-93.	深沟球轴承	2		
3	M6GB 70.1	内六角螺钉	3		
2		齿盘	1	45	
1		底座	1	HT200	
序号	代号	名称	数量	材料	备注

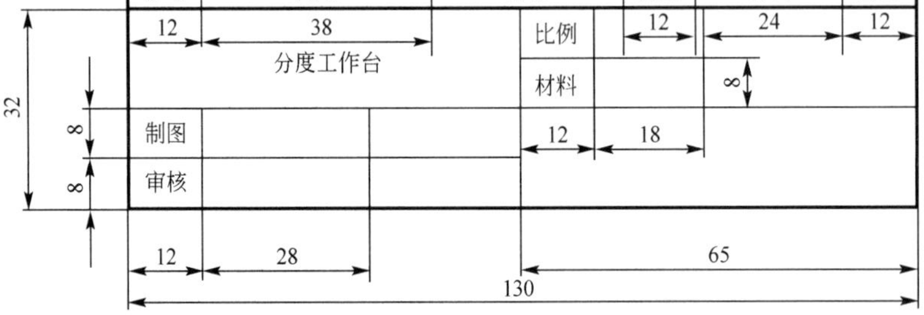

图 8-17　分度工作台明细表

第9章

零件图

🏵 项目导读

零件图是重要的工程语言，是设计部门提供给生产部门的重要技术文件。零件图的绘制要正确合理选择零件表达方案，要考虑零件的制造工艺合理、标注的尺寸清晰，因此零件图的绘制是 AutoCAD 绘图的重要环节。

🏵 项目学习目标

➤ 掌握典型零件图的结构特点。

➤ 掌握典型零件的绘图技巧。

➤ 掌握不同比例下零件图尺寸的合理正确标注。

9.1 机械制图基础理论

9.1.1 零件图的内容

零件图是指导制造和检验零件的图样，是零件的完工尺寸。

（1）一组图形　选用一组适当的视图、剖视图、断面图等图形，将零件的内外形状正确、完整、清晰地表达出来。

（2）齐全的尺寸　正确、齐全、合理地标注零件在制造和检验时所需要的全部尺寸。

（3）技术要求　用规定的符号、代号、标记和文字说明等简明地给出零件制造和检验时所应达到的各项技术指标与要求，如表面粗糙度以及表面高频淬火、HRC、去毛刺等。

（4）标题栏　填写零件名称、材料、比例、图号以及制图、审核人员的责任签字等。

9.1.2 典型机械零件的结构特点

典型机械零件通常可分为轴套类、盘盖类、叉架类、箱体类。

轴套类：轴套类零件一般为同轴的细长回转体，主要采用车床加工。主要结构包括键槽、销孔、退刀槽、倒角、中心孔及与外圆同轴的内孔。根据加工位置原则，轴线水平放置做主视图，键槽采用断面图。对于液压缸等零件主视图采用全剖视图。

盘盖类：其主体部分直径比长度大，结构有凸台、定位孔、键槽、肋板等。非圆视图全剖做主视图，用左视图表达轮辐、肋板数目及分布。必要时采用局部视图、断面图、局部放大图等。

叉架类：叉架类零件结构比较复杂，一般分为工作部分和联系部分。选择零件形状特征明显的作为主视图。除主视图外可以采用必要的基本视图，可以采用局部视图、局部剖视图、向视图来表达局部结构。

箱体类：结构比较复杂，多采用铸造后机械加工的方法生产，具有容纳运动零件和贮存润滑油的内腔，其上有支承和安装运动零件的孔及安装端盖的凸台、螺纹孔，机座上有安装底板及安装孔。在视图选择时，以自然安放位置最能反映其形状特征及结构间相对位置的为主视图。一般需要两个及以上主要视图表达其架构，同时辅以局部视图、局部剖视图等。

9.1.3　样板图的创建

创建一个符合我国机械制图标注的样板图，可以避免许多重复性的工作，并且有利于企业的标准化。样板图的创建主要包括图层的设置、文字样式的创建、标注样式的创建、块的创建、图幅的绘制、样板图的保存与使用。

（1）创建图层　选择"格式"→"图层"，按照表 9-1 的要求创建图层。

表 9-1　图层的创建

层　　名	颜　色	线　　型	线　宽	用　　途
粗实线	白	Continuous	0.5	粗实线
细实线	白	Continuous	0.25	细实线、剖面线、标注
虚线	绿	ACAD-ISO02W100	0.25	细虚线
中心线	红	CENTER2	0.25	中心线
双点画线	蓝	ACAD-ISO05W100	0.25	相邻零件辅助轮廓线

（2）创建文字样式　文字样式是指在标注尺寸，填写技术要求、标题栏等内容时所需要创建的文字的属性。国家标注中对机械制图的文字样式、字体类型、高度等属性都有相关规定。选择"格式"→"文字样式"，新建样式名称为 GB 的文字样式，GB 文字样式中包括数字和字母的样式及汉字的样式。机械制图中规定数字和字母可以采用斜体和直体，如果采用直体则样式为 gbenor.shx，斜体采用 gbeitc.shx。汉字采用大字体：gbcbig。以后的绘图过程中统一采用斜体的字母和数字。具体文字样式设计如图 9-1 所示。

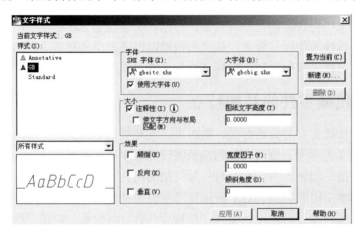

图 9-1　文字样式设计

（3）创建标注样式 标注样式用于控制图形中标注的外观和格式，通过创建标注样式可以控制尺寸线、尺寸界线、箭头、文字外观、位置、对齐、标注比例等特性，可以调整控制标注效果。"格式"→"标注样式"，建立名称为 GB 的标注样式，"线"选项卡设置："基线间距"为 7；"超出尺寸线"为 2；"起点偏移量"为 0；尺寸线和尺寸界线为 ByLayer。"主单位"选项卡中的小数分隔符为句点；精度为 0。"符号和箭头"选项卡设置："箭头大小"为 3.5；弧长符号选择标注文字的前缀。建立用于半径、直径标注子样式："文字"对齐参数选择 ISO 标准。建立用于角度标注的子样式："文本"选项卡中"文字"对齐设置为水平。完成后效果如图 9-2 所示。

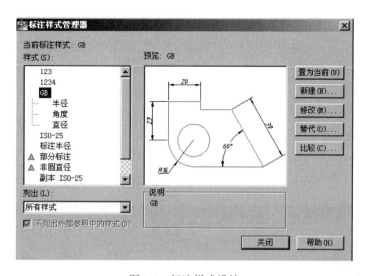

图 9-2 标注样式设计

（4）块的创建 在输入区输入 B 命令创建"内部块"命令，首先按照图 9-3 绘制标题栏。输入块的名字"标题栏"，打开"对象捕捉"指定标题栏右下交点为基点。其中，带括号的可以做成属性，也可以删除，以后用多行文字书写。

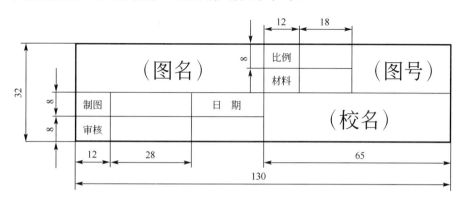

图 9-3 标题栏

绘制图 9-4 所示粗糙度图形，线宽采用 0.35mm，以图形最下方的点为基点，粗糙度值设置为属性，将该块命名为粗糙度符号。

将基准符号制作为含属性的内部块，将基准字符 A 设置为属性，字体样式采用 GB，字体为 3.5 号字体。其具体尺寸如图 9-5 所示。

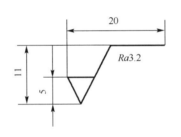
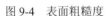
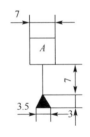

图 9-4　表面粗糙度　　　　　　图 9-5　基准符号块

（5）图幅的绘制　将细实线层置为当前图层，绘制 297×210 的 A4 横向图框线，采用"偏移"命令将图纸边界线向内偏移 5mm 后，将线宽调整到粗实线层上，然后采用"拉伸"命令采用"交叉窗口"命令选中内框线，捕捉左下角点为基点，打开正交输入拉伸距离为 20，装订边距离为 25mm。其余图幅的绘制按此方法进行。

（6）样板图的保存与使用　执行"文件"→"另存为"命令，在文件类型中选择 AutoCAD 图形样板图（*.dwt），在"文件名"中输入样板图，单击"保存"按钮（图 9-6）。在以后的使用过程中，打开 AutoCAD 后单击"新建"，在"选择文件"对话框中选择样板图即可。

图 9-6　样板图的保存

9.2　案例分析

9.2.1　阶梯轴

图 9-7 所示为阶梯齿轮轴，用来传递动力和运动，是典型轴类零件。如图 9-8 所示，ϕ35 轴段为支承轴径与轴承配合，要求接触精度高，其表面粗糙度应为 1.6；ϕ40 为轴肩，用于

实现轴向定位，端面粗糙度为 3.2。

图 9-7 阶梯齿轮轴结构

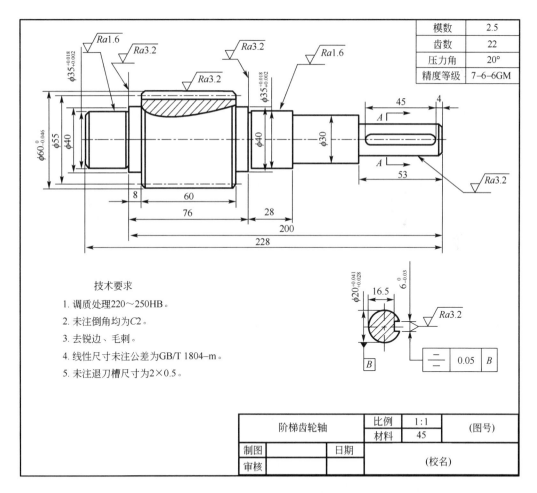

图 9-8 阶梯齿轮轴零件图

绘图的基本步骤如下。

（1）选择中心线层，打开正交状态，绘制长度为 228mm 中心线；选中中心线，将"特性"中线性比例调整为 0.1。

（2）绘制轴向垂直基准线，长度为 80mm，采用"移动"命令，捕捉直线中点为基点，移动到中心线的右端点上。采用"偏移"命令向左分别偏移 228mm、200mm、53mm、4mm。绘图的基准如图 9-9 所示。

图 9-9　绘图基准线的绘制

（3）绘制 53×20 的矩形，采用"移动"命令，以矩形的右边线中点为基点，移动至中心线右端点上。绘制 40×8 的矩形，以矩形左边线中点为基点，移动至从左边起第二条基准线与中心线交点；绘制 2×34 的矩形、采用"移动"命令移动到正确位置上；绘制 26×35 的矩形并移动，绘制 60×60 的矩形并正确移动位置；复制 40×8 的矩形并放置在正确的位置上，复制 2×34 的矩形并放置到正确位置，复制 26×35 的矩形并放置在正确位置，绘制 43×30 的矩形并移动到正确位置；采用"多段线"命令绘制键槽并移动到正确位置（图 9-10）。绘图命令如下。

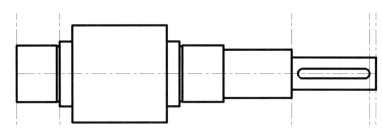

图 9-10　阶梯轴主视图

命令: _pline
　　指定下一点或 [圆弧(A)/半宽(H)/长度(L)/放弃(U)/宽度(W)]: 　39
　　指定下一点或 [圆弧(A)/闭合(C)/半宽(H)/长度(L)/放弃(U)/宽度(W)]: a
　　指定圆弧的端点或[角度(A)/圆心(CE)/闭合(CL)/方向(D)/半宽(H)/直线(L)/半径(R)/第二个点(S)/放弃(U)/宽度(W)]: 6
　　指定圆弧的端点或[角度(A)/圆心(CE)/闭合(CL)/方向(D)/半宽(H)/直线(L)/半径(R)/第二个点(S)/放弃(U)/宽度(W)]: l
　　指定下一点或 [圆弧(A)/闭合(C)/半宽(H)/长度(L)/放弃(U)/宽度(W)]: 39
　　指定下一点或 [圆弧(A)/闭合(C)/半宽(H)/长度(L)/放弃(U)/宽度(W)]: a
　　指定圆弧的端点或[角度(A)/圆心(CE)/闭合(CL)/方向(D)/半宽(H)/直线(L)/半径(R)/第二个点(S)/放弃(U)/宽度(W)]: cl

（4）采用"多段线"命令绘制剖切符号，并采用"镜像"命令绘制另一半；绘制齿轮的分度线和齿根线，采用样条曲线绘制局部剖的边界线并图案填充。

（5）打开对象捕捉、对象追踪，在剖切线的下方绘制两条垂直的中心线，并将线性比例调整为 0.1；执行"圆"命令，以中心线的交点为圆心，绘制半径为 10 的圆；采用"偏移"命令将垂直中心线向右偏移 6.5，将水平中心线向上下偏移 3，用"修剪"命令完成最终图形。

（6）选择"格式"→"标注样式"。新建名字为 GB 的标注样式，文字字体为 gbeitc.shx和 gbcbig.shx，字体高度为 3.5，具体的设置参照标注章节中标注样式设计；直径的标注方法：单击线性标注，打开对象捕捉矩形垂直方向两个端点，输入 m，单击多行文字框中@中的直径 φ，移动光标输入 0^-0.046，选中 0^-0.046 然后单击堆叠符号；其余直径标注按此标注。

（7）表面粗糙度的标注，采用 qleader 命令绘制引线。具体过程如下：输入 S，设置箭头大小为 3，类型为无，先绘制箭头的位置，然后绘制斜线，打开正交绘制水平线；采用"插入块"命令插入表面粗糙度符号并修改粗糙度值。

（8）插入基准符号块，修改基准字母；采用 qleader 命令绘制形位公差，输入 S，设置注释类型选择公差，箭头大小为 3，其余选择默认设置；在公差框中选择对称度，值为 0.05，基准字母输入为 A。

（9）设置一种表格样式，采用"表格"命令绘制齿轮参数表、"多行文字"绘制技术要求，采用插入标题块的方法放置标题栏，并填写单位、比例、材料、设计者及设计日期等内容。

（10）绘制 210×297 的 A4 图幅，非装订边的距离为 5，装订边为 25；采用"移动"命令把完整的标题栏放置在右下角。

9.2.2　脚踏板

如图 9-11 所示，脚踏板是一种典型的叉架类零件，结构复杂，由安装板、工作圆筒、连接板组成。主视图反映主要结构的形体特征，俯视图表示零件前后对称关系，采用移出断面图表达肋板结构，采用局部向视图表达安装尺寸。如图 9-12 所示为脚踏板的零件图。

图 9-11　脚踏板立体图

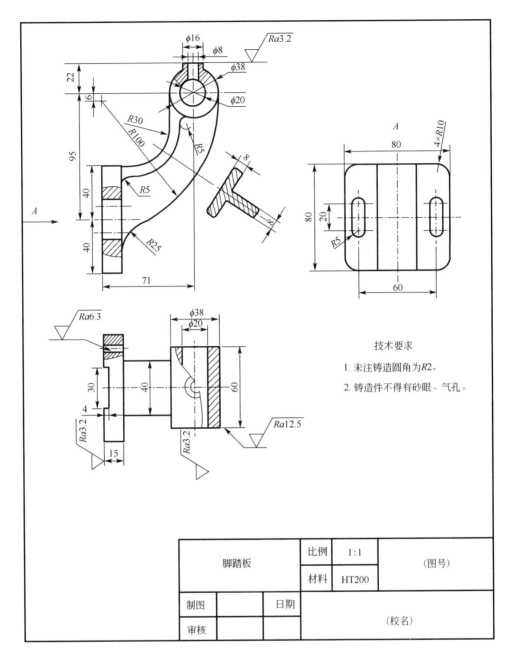

图 9-12　脚踏板零件图

绘图基本步骤如下。

（1）绘制主视图，根据识图规律"长对正、高平齐、宽相等"的基本投影规律，采用
矩形命令绘制 15×80 的矩形，然后采用"分解"命令分解矩形，使矩形左边的线为长度方
向尺寸基准。将中心线图层置为当前，打开"正交"和"对象捕捉"及"对象追踪"，绘制
高度方向基准。然后将长度方向基准线向右偏移 71，高度方向向上偏移 95，然后将该偏移
的中心线向下偏移 6。绘制 $\phi20$ 和 $\phi38$ 的同心圆，将水平的中心线向上偏移 22，垂直中心
线左右偏移 8 和 4，修剪后采用样条曲线绘制局部剖视线，进行图案填充。

（2）打开"对象捕捉"、"正交"，捕捉中心线与φ38 的圆的交点绘制垂直的直线，捕捉 15×80 的矩形的右上交点并绘制向右的水平线，然后采用相切及半径的绘圆命令绘制半径为 30 的圆弧，然后修剪。将 R30 的圆向外偏移 8，修剪多余线条。以φ20 的圆心为圆心，以 100-19 为半径绘制辅助圆，辅助圆与下方中心的交点为 R100 圆的圆心，采用"倒圆弧"命令绘制 R25 圆弧，然后修剪即可。

（3）绘制加强筋处剖切线，并采用对齐标注尺寸 13，标注剖切线与铅垂线的角度为 57°。绘制 40×8 的矩形，绘制 8×13 的矩形，采用"移动"命令确保两个矩形的正确关系。修剪绘制图案填充，以中心线上端点为基点，将移出断面图采用"旋转"命令旋转 57°。图 9-13 所示为主视图的绘制过程。

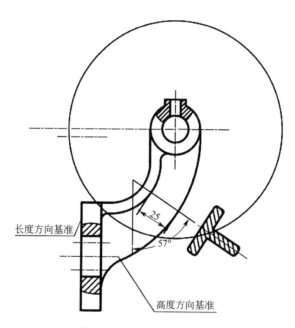

图 9-13　主视图的绘制过程

（4）俯视图的绘制，打开"正交""对象捕捉""对象捕捉追踪"。用长对正的原则绘制 15×80 的矩形，绘制 4×30 的矩形，并将 4×30 的矩形移动到正确位置，分解两个矩形，将左边基准线向右偏移 71，捕捉矩形铅垂线的中点绘制水平中心线；绘制 38×60 和 20×60 的矩形，捕捉矩形的中心移动到中心线的交点上，绘制φ16 和φ8 同心圆，采用样条曲线绘制剖切线，修剪后图案填充。将水平中心线上下偏移 20 修剪，绘制安装孔局部剖视图。采用多个"修剪""倒圆角"命令绘制 R2 的圆弧。

（5）A 向视图的绘制，将主视图的高度方向基准线向右延伸，绘制向视图的水平中心线，然后绘制铅垂线中心线，将铅垂中心线左右偏移 30，将水平中心上下偏移 10。采用"多段线"命令绘制安装孔，并移动到正确位置，复制绘制另外的安装孔。采用"矩形"命令绘制 80×80 和 30×80 的矩形并移动到正确的位置，采用多个"修剪"模式的"倒圆角"命令绘制 R10 的圆角。

（6）采用"缩放"命令将上面完成的零件图缩放为 1:2；建立 GB 的标注样式，采用"替代"指令（图 9-14），将测量单位比例调整为 2，如图 9-15 所示。采用"标注"命令完成线性及对齐标注。采用 qleader 命令绘制表面粗糙度的引线，采用"插入块"命令标注表面粗糙度。

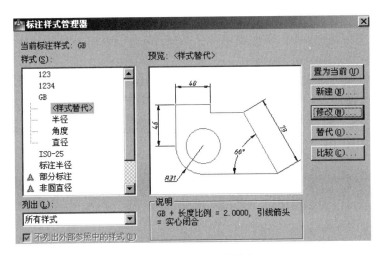

图 9-14　标注样式的替代

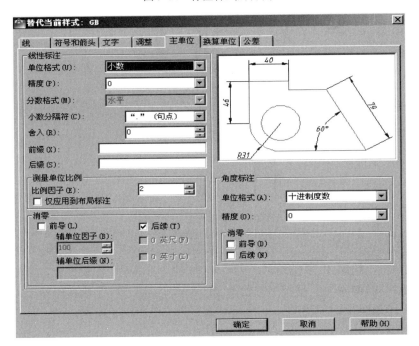

图 9-15　测量单位比例的调整

（7）采用多行文字书写技术要求。绘制 A4 图框插入标题栏，填写设计者、日期、比例、单位、材料等信息。

9.2.3　铣刀端盖

如图 9-16 所示为铣刀头上的一个端盖，起连接、轴向定位及密封作用。材料为碳素结构钢 Q235。该零件为典型的轮盘类零件，主视图采用剖视图表示主要结构特征及孔结构，左视图表示零件最大面积部分轮廓，采用局部放大图表示局部微小细节特征。其详细零件图如图 9-17 所示。

图 9-16 铣刀头端盖

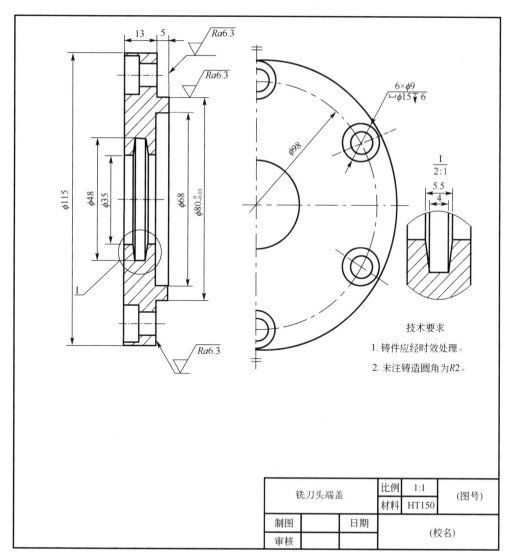

图 9-17 铣刀头端盖零件图

绘图基本步骤如下。

（1）将中心线置为当前图层，打开"正交"命令，绘制径向基准线，长度为 25mm；采用"偏移"命令绘制沉头孔的轴心线，偏移距离为 49mm。绘制长度为 57.5mm 的轴向基准线，线型调整为粗实线。采用"相对"命令绘制 6×15 和 7×9 的矩形，采用"移动"命令构建沉头孔，捕捉 6×15 矩形的左端中点移动至端盖左端面和定位中心线的交点处。捕捉凸缘与定位线的交点，采用"正交"配合"直线"命令绘制凸缘，向右 5mm、向下 6mm、向左 5mm。将轴向基准线向左偏移 6.5mm，绘制 4×24 和 5.5×17.5 的矩形；然后将两个矩形移动到定位点。绘制的相关示意图如图 9-18 所示。然后补画相关线，删除多余相关定位线，修剪多余的线条，进行图案填充。用细实线采用"圆"命令绘制局部放大图放大位置，并用 qleader 命令绘制指引线，用多行文字书写。

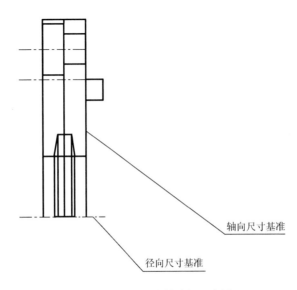

图 9-18　主视图绘制过程示意图

（2）将中心线层置为当前，打开"正交"和"对象捕捉追踪"，绘制左视图中心线；通过"圆"命令绘制沉头孔的定位线，捕捉中心线交点为圆心，直径 D 为 98mm。在定位线和铅垂中心线交点绘制直径分别为 15 和 9 的同心圆，采用"环形阵列"命令阵列该同心圆，设置为非关联性，阵列个数为 6，填充范围为 360°。将多余的同心圆删除，并修剪铅垂线上同心圆。在细实线层上绘制左右对称标志线、镜像。采用"复制"命令将主视图下部分复制到空白处，采用"修剪"命令修剪多余的线条，采用"缩放"命令将修剪过的图形放大 2 倍。

（3）将 GB 标注样式置为当前，然后采用线性标注完成标注。在标注沉头孔时，首先采用直径标注，输入 M 后输入 6×φ9，然后绘制沉头孔符号及沉降箭头，采用多行文字输入φ15 和 6。为了以后快速完成此类标注，可以将沉头孔标注做成带属性的外部块。采用插入块的方法标注表面粗糙度。打开"格式"→"标注样式"→"GB 标注样式"，单击"替代"，将"主单位"选项卡中比例因子调整为 2，标注局部放大图尺寸，在标注 5.5 时采用输入 M 的方式输入 5.5。完成局部放大图后，打开"格式"→"标注样式"→"GB 标注样式"，在其上双击，取消样式替代。

（4）选择图幅 A4（297×210）横向放置，绘制非装订边距离为 5mm，装订边距离为 25mm。插入标题栏，并填写设计者姓名、材料、比例、单位、名称等信息。

9.2.4　支架类零件

如图 9-19 所示为支架表达方式，此类零件具有容纳零件和贮存润滑液的内腔，壁厚不均匀，支座上有安装孔，支架体上有油孔。表达方案的选择：主视图采用半剖，一半表达外部轮廓，另一半表达内部结构。底座上安装孔采用局部剖，俯视图采用局部剖反映油孔的结构，采用两个视图可以将支架的架构表达清楚。具体零件图如图 9-20 所示。

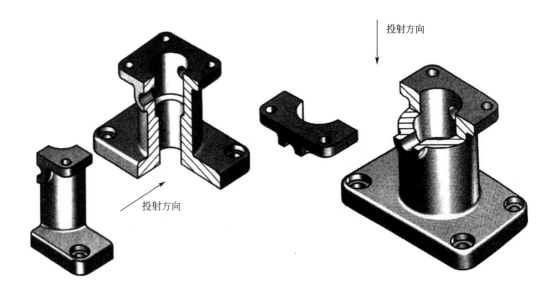

图 9-19　支架表达方式

绘图基本步骤如下。

（1）绘制高度方向基准线，然后捕捉其中点，绘制宽度方向基准线；采用"偏移"命令偏移 40，确定ϕ16圆心的定位线；采用"偏移"命令偏移 160，确定支架底边，如图 9-21 所示。绘制 128×16、172×24、20×80 的矩形，然后采用"移动"命令移动到定位点上。将中心线向左右偏移 40，确定 R40 圆柱母线。将矩形分解后修剪，并删除多余定位线。对 20×80 矩形进行距离 D（4×4）倒角命令。绘制ϕ16和 R16 的同心圆。将铅垂中心线向左偏移 51，确定上端面孔的定位线；将 172×24 的左边向右偏移 16，确定底面孔的点位线。绘制 10×16 和 13×24 的矩形，然后移动到相应的定位线，完成后如图 9-21 所示。采用样条曲线绘制局部剖视边界线，在绘制样条曲线时一定超出轮廓边界，然后把多余的修剪掉，这样有利于图案填充的封闭性要求。采用多个"修剪""倒圆角"模式命令绘制 R8 圆弧。将轮廓线调整为粗实线，中心线的线性比例调整为 0.1，采用"夹点编辑"命令调整中心线的长度，超过零件轮廓 3～5mm。将两个孔的中心线镜像，获得对应孔的中心线位置。对多余的定位线删除，对物体的轮廓线修剪完成主视图（图 9-22）。

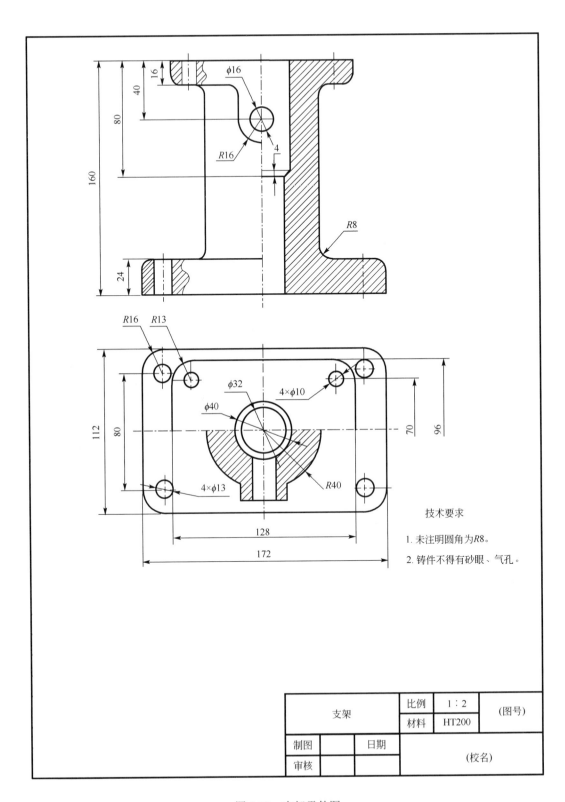

图 9-20 支架零件图

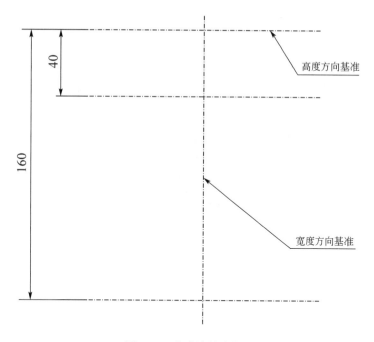

图 9-21　基准线的绘制

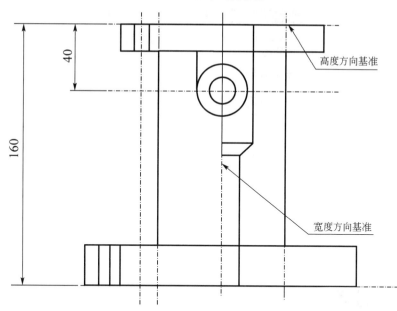

图 9-22　主视图绘制过程图

（2）打开"正交""对象捕捉""对象追踪"命令，绘制俯视图的两条垂直中心线。采用"矩形"命令绘制 172×112 和 128×96 的矩形，捕捉矩形的中心移动到中心线的交点处。绘制 $\phi32$、$\phi40$、R40 的同心圆，将铅垂线分别左右偏移 8、16，修剪多余轮廓线进行图案填充。采用多个"修剪"模式"倒圆角"命令绘制 R16 和 R13 的倒圆角。捕捉圆角的圆心绘制 $\phi13$、$\phi10$ 圆，然后采用"复制"命令完成其余 4 个圆绘制，完成以后的示意图如图 9-23 所示。

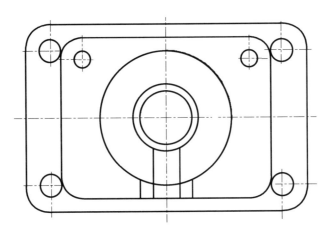

图 9-23　支架俯视图绘制过程示意图

（3）完成视图的绘制后，采用"缩放"命令将图形缩放为 1:2，将 GB 标注样式进行替代，替代后修改测量比例因子为 2。采用线性标注及直径/半径标注完成标注。标注完成后在 GB 替代样式上双击，单击图 9-24 所示"确定"按钮取消 GB 替代。采用多行文字书写技术要求。

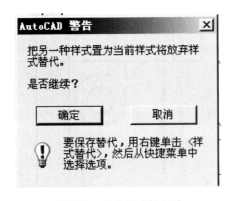

图 9-24　替代样式的取消

（4）绘制 A4 的纵向图幅，非装订边的距离为 5，装订边距离为 25。采用块插入操作，插入标题栏的块，填写单位、比例、材料、图样名称、设计者姓名及日期。

9.3　实训项目

（1）完成图 9-25 所示两轴类零件绘制，图幅自选，比例自定。

（2）完成图 9-26 所示长形固定钻套零件绘制，图幅自选，比例自定。

（3）完成图 9-27 所示支架零件绘制，图幅自选，比例自定。

（4）完成图 9-28 所示阀体零件绘制，图幅自选，比例自定。

（5）绘制图 9-29 所示叉杆零件（第九届"高教杯"全国大学生先进成图技术与产品信息建模创新大赛），自选图幅按 1:1 绘制，材料为 Q275。

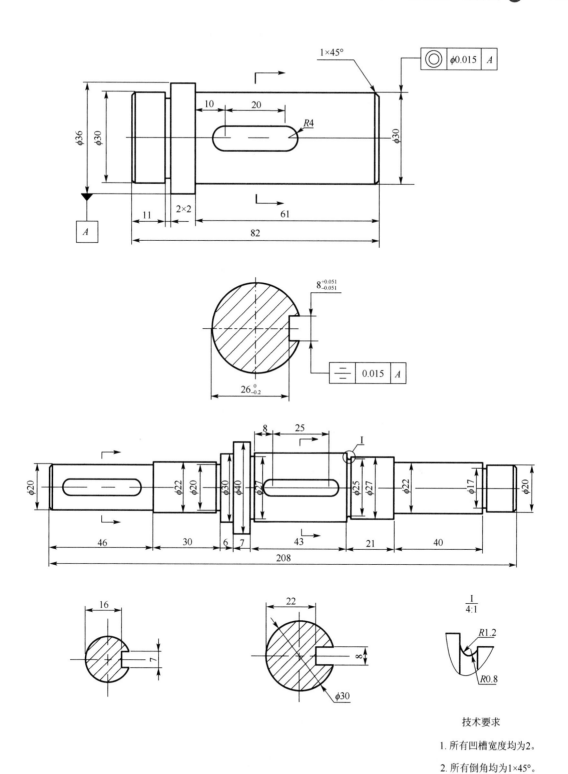

技术要求

1. 所有凹槽宽度均为2。

2. 所有倒角均为1×45°。

图 9-25　轴类零件

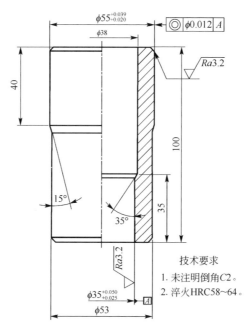

图 9-26 长形固定钻套

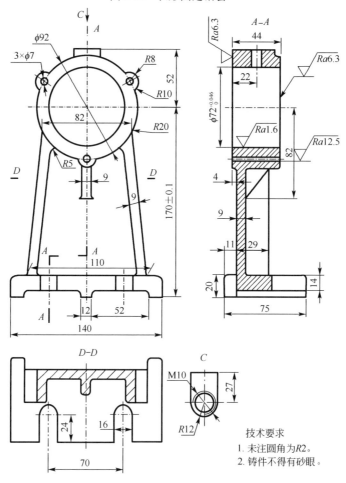

图 9-27 支架类零件

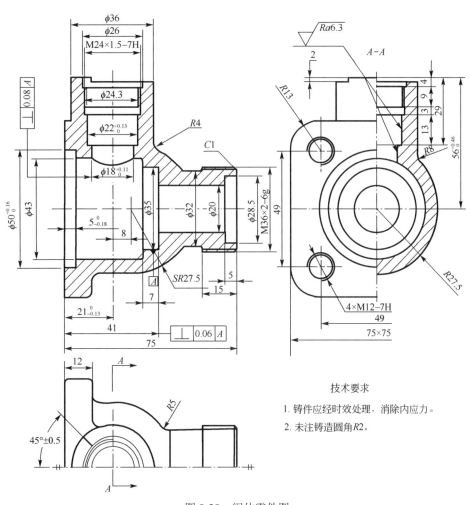

图 9-28　阀体零件图

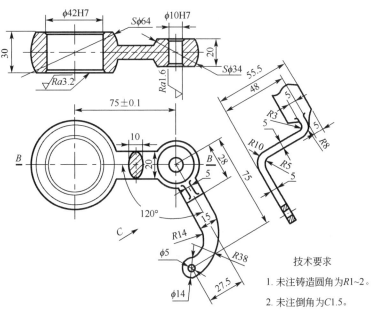

图 9-29　叉杆零件图

（6）绘制图 9-30 所示支架零件，比例图幅自选，材料为 HT150。

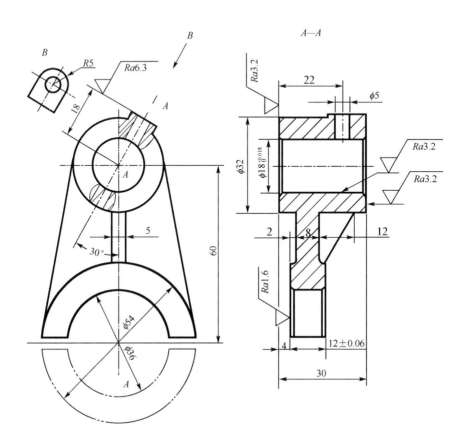

技术要求

1. 未注铸造圆角 $R1$。
2. 铸件不得有缩孔和裂纹。
3. 线性尺寸未注公差为 GB/T 1804–m。

图 9-30 支架零件图

（7）按图 9-31 所示绘制零件图，图幅比例自选，保证图纸清晰完整。

（8）按图 9-32 绘制法兰盘零件图，图幅比例自选，保证图纸清晰完整。

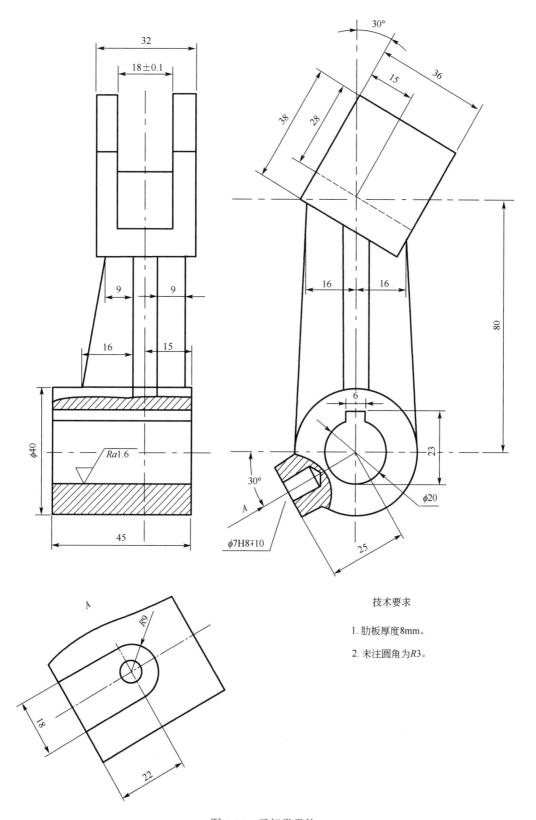

技术要求

1. 肋板厚度8mm。

2. 未注圆角为R3。

图 9-31 叉架类零件

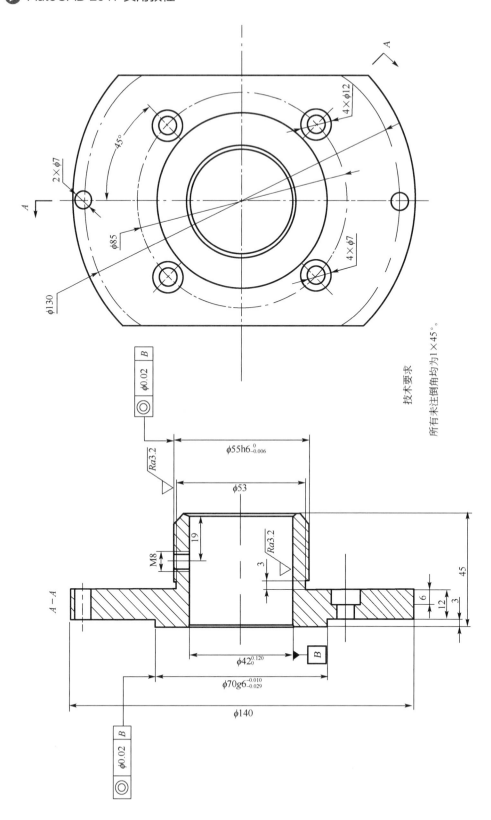

图 9-32　法兰盘零件图

第**10**章 ▷▷▷ ▶▶▶

图形输出

🖋 项目导读

　　图形绘制完成后，需要打印到图纸上进行存档，在机加工车间和装配车间应用。AutoCAD 软件提供了强大的图形输出功能。图形的绘制是在模型空间进行的，图形的输出也可以在模型空间进行。但对于精确比例的出图，以及不同比例的图形打印输出在同一张图纸上时，布局空间提供了更理想的解决方案。

🖋 项目学习目标

➢ 掌握模型空间出图的基本方法及技巧。

➢ 掌握布局空间出图的基本技巧。

➢ 掌握两种出图方式在标注、标注样式调整过程中的差异。

10.1　知识链接

10.1.1　模型空间出图

　　（1）打印比例为 1:1　首先在绘图的时候要考虑出图的比例和图纸的选择，在实际生产中 1:1 出图应用最为广泛。应该根据零件尺寸大小选择图幅或选择相应图幅的绘图模板。在模型空间中按照零件的实际尺寸绘图，这时在标注样式中的测量比例必须是 1:1。选择"文件"→"打印"，弹出模型打印框，为了打印的方便性，可以用虚拟打印机将 DWG 文件格式转化为 PDF 格式，这时在打印机名称里选择 DWG To PDF.pc3 的打印机，然后采用窗口的方式选择打印对象，窗口的大小要和图纸的边界相重合，选择居中打印。在打印样式表中选择支持线宽显示的 monochrome.ctb 打印样式进行黑白打印。

　　（2）缩小比例或放大比例　当采用缩小或扩大比例出图时，首先按 1:1 完成零件或机器的结构尺寸，然后采用"修改"→"缩放"命令按比例缩小或扩大图形以适应图幅的大小。然后将缩放过的图形移动到图纸的中间位置，这时必须修改标准样式中的测量比例因子，将比例因子设置为缩放比例的倒数。例如采用 1∶2 缩放图形，那么标准样式中的测量比例应该为 2，这样才能标注出零件的实际制造尺寸，同时标注尺寸公差和形位公差。后续的操作和 1:1 打印操作相同。这样做的目的是仅使图形的结构尺寸按比例绘制到图纸上，而在图纸上标准文字，粗糙度和形位公差都保持很高的可读性。如果按 1:1 绘图直接标注完成后再缩放图形，则文字、粗糙度和形位公差的大小则会在图纸上不匹配。

10.1.2　布局空间出图

布局空间能够满足高精度的出图比例，其效果要比模型空间出图质量高，但操作步骤较繁琐。在布局上单击右键进入"页面设置"→"布局设计"，选择真实打印机或 DWG To PDF 的虚拟打印机，选择图幅的大小。

（1）布局空间出图方式（一）　根据零件的结构特点采用 1:1 比例画图，将标注样式、文字样式、多重引线和表面粗糙度块等内容中的"注释性"启动，并且按照预期图纸上显示的大小设置。注释性的含义是不会随着视口比例的变化而变化，保证图形的尺寸可以缩小或扩大，但文字不会在图纸上放大或缩小。然后进行图形的标注，单击"布局"进入布局空间，右键菜单选择"布局设置"，选择打印机和图幅大小，然后在布局空间绘制图框线，这时图框线必须在图纸虚线内，虚线是打印机的最大打印范围。通过"偏移"命令绘制内图框和标题栏，通常按留装订边的尺寸布置。创建单个矩形视口或多边形视口，绘制视口的图层应该设置为不可打印显示，视口应该和内图框除去标题栏的部分重合。通过"移动"命令将完成的图形移到视口中，将视口比例调整为预定的打印比例，完成视图的缩放或扩大。这时在打印框中的比例必须设置为 1:1。这种方法打印比例控制精确，符合人们的设计习惯，但图形扩大或缩小后可能造成图形的轮廓和标注数字相互穿透，影响视图的可视性。

（2）布局空间出图方式（二）　根据零件或装配图的结构采用 1:1 绘制，绘制完成后不进行标注。进入布局空间，设置布局，选择打印机、图幅的大小。按方式（一）绘制图框线和标题栏，新建矩形视口或多边形视口，将图形移到视口下方，按预定的打印比例在视口工具栏中设置视图比例。在视口外双击，启动"对象捕捉"，开始完成标注。将标注样式、文字样式、多重引线和表面粗糙度块的大小设置为图纸上的真实大小，可以不启动"注释性"。为了提高出图效率可以将布局空间的设置保留为制图模板，避免重复绘制图框和标题栏。这种方法出图完美精确，推荐优先选择。但该方法和传统的绘图步骤有差异，必须改变传统的制图顺序，先布置图纸再在图纸空间标注。

10.2　案例分析

10.2.1　模型空间出图案例

交换齿轮架是机床上的一种典型零件。图 10-1 所示为交换齿轮架零件图，采用 A4 图幅 1:2 打印输出，要求字迹清楚，符合图纸规范，试采用模型空间出图完成图纸的输出。

输出的基本步骤如下。

（1）创建线宽为 0.5mm 的粗实线层以及线宽为 0.25mm 的细实线层和中心线层。根据企业图纸规范，为便于存档，采用装订边的图框格式绘制 A4 图框线（图 10-2）。采用插入块的方法插入标题栏。在标题栏内填写设计者、比例、材料、图样名称等信息。采用 1:1 的比例绘制交换齿轮的轮廓线,在中心线层绘制两条基准线,调整中心线的线性比例为 0.3,然后采用粗实线层绘制轮廓线层。采用"缩放"命令,比例因子设定为 0.5。采用"移动"命令将缩放后的图形放置在 A4 纸空白中心处。创建 GB 的文字样式及标注样式,通过"格式"→"标注"样式,打开标注样式管理器(图 10-3),单击"替代"按钮,将"主单位"选项卡中测量单位比例因子设置为 2(图 10-4)。采用经过替代的 GB 标注样式完成交换齿轮架的标注。标注完成后在 GB 文字样式上双击取消 GB 样式的替代。

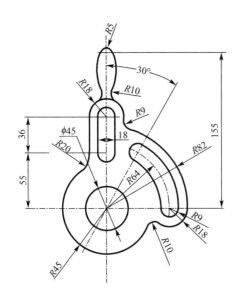

图 10-1　交换齿轮架零件图

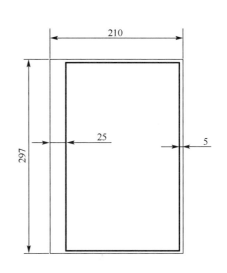

图 10-2　A4 图框线的绘制

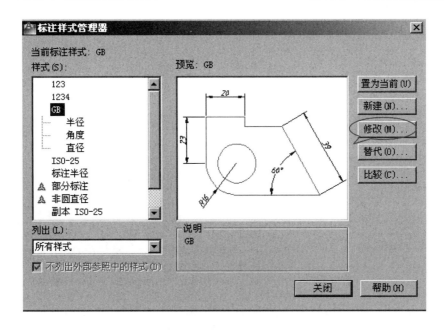

图 10-3　标注样式管理器

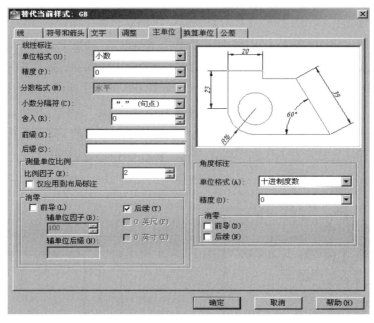

图 10-4　测量单位比例因子

　　（2）选择"文件"→"打印"，弹出"打印设置"对话框，设置如图 10-5 所示。"打印机名称"采用 DWG To PDF.pc3。"图纸尺寸"选 A4（210×297），"打印区域"中"打印范围"选择"窗口"，打开"对象捕捉"，捕捉图纸外框的左下交点和右上交点，完成打印范围的设置。打印样式表指定为 monochrome.ctb，这样的样式将所有颜色的线条都转化为黑白色输出。"质量"选择最高，"图形方向"选择纵向。完成上述设置后确定，将图纸保存到指定位置，图纸变成了 PDF 格式的文件，可以在没有安装 AutoCAD 的计算机上打印输出。完成后的效果如图 10-6 所示。

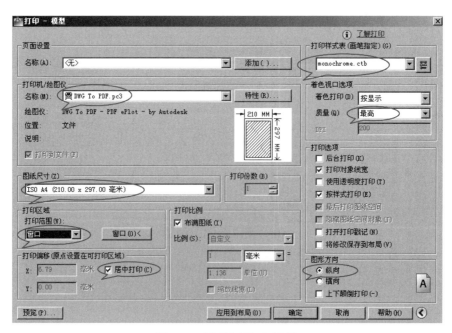

图 10-5　模型空间打印设置

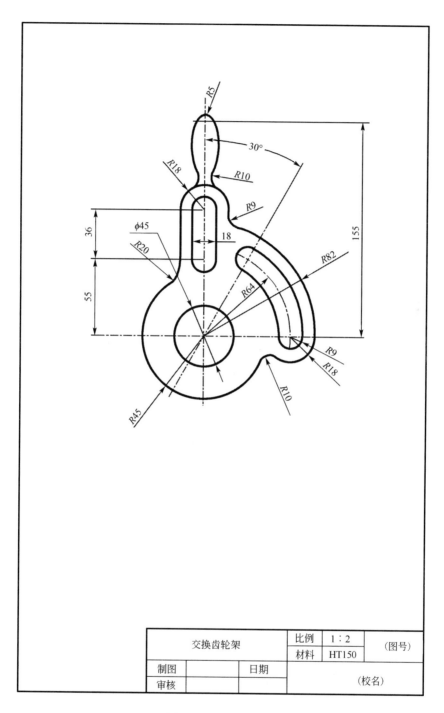

图 10-6 模型空间效果图

10.2.2 布局空间出图案例

支架是一种典型的腔体类零件。图 10-7 所示为支架零件图，采用 A4 图幅 1:2 打印输出，要求字迹清楚，符合图纸规范，试采用图纸空间出图完成图纸的输出。

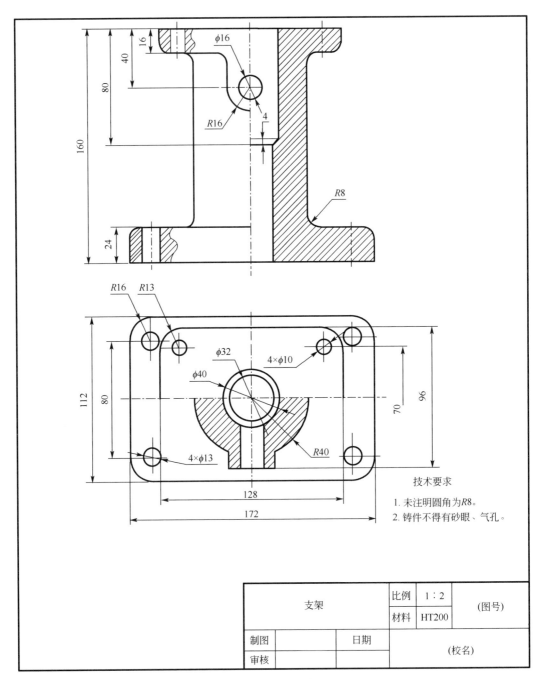

图 10-7　支架零件图

输出的基本步骤如下。

（1）创建线宽为 0.5mm 的粗实线层以及线宽为 0.25mm 的细实线层和中心线层。在模型空间按 1:1 绘制支架，无需标注。将鼠标放在布局 1 上，右键单击，在弹出的菜单上单击"新建布局"则创建一个新布局。在新布局上右键单击选择页面设置管理器（图 10-8）。在页面设置管理器中单击"修改"按钮，页面设置如图 10-9 所示。单击"确定"后，所产生的布局如图 10-9 所示，图示虚线表示打印的范围，打印范围可以通过打印机名称后面的"特性"按钮调整（图 10-10），单击"修改标准图纸尺寸（可打印区域）"，找到需要修改的图幅后单击"修改",修改参数如图 10-11 所示,单击"下一步"后单击"确定"。虚线外的要素不能打印出来,布局空间就是一张 A4 白纸,可以在白纸上书写文字、绘制线条。采用细实线贴近虚线绘制图幅的外框线,然后采用"偏移"命令向内偏移 5mm,将线宽调整为 0.5mm。采用块插入操作插入标题栏块,使标题栏的右下角点和粗实线矩形的右下角点重合。采用"拉伸"命令,选择内框矩形的左下角点和标题栏的左下角点重合(图 10-12)。在标题栏内填写设计者、比例、材料、图样名称等信息。

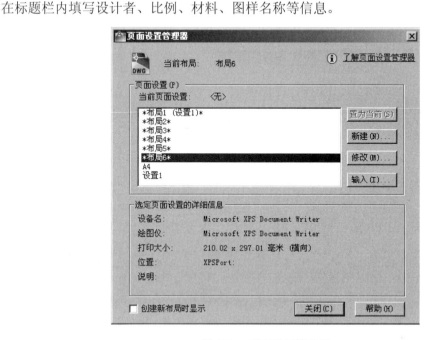

图 10-8　页面设置管理器

图 10-9　页面设置

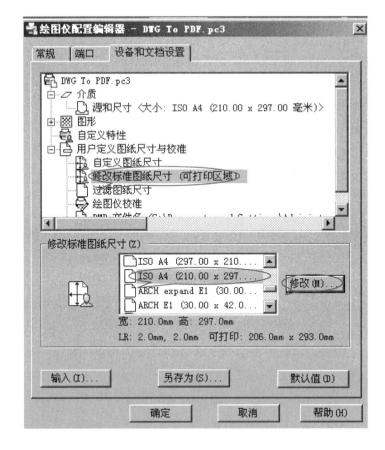

图 10-10 图纸打印区域设置

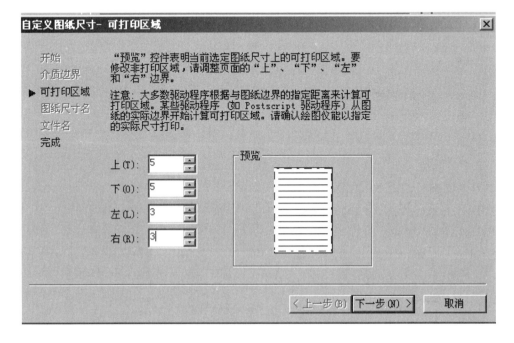

图 10-11 A4 打印区域

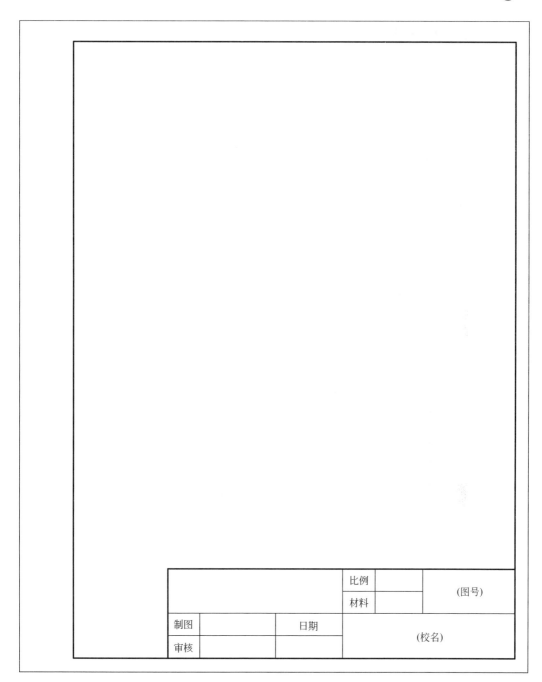

<table>
<tr><td rowspan="2"></td><td>比例</td><td></td><td rowspan="2">（图号）</td></tr>
<tr><td>材料</td><td></td></tr>
<tr><td>制图</td><td></td><td>日期</td><td></td><td rowspan="2">（校名）</td></tr>
<tr><td>审核</td><td></td><td></td><td></td></tr>
</table>

图 10-12　布局空间 A4 图幅

（2）在任意工具栏上右键单击，弹出"视口"工具栏设置菜单（图 10-13），在"视口"前单击将"视口"工具栏调入到界面（图 10-14）。在"视口"工具栏上单击单个视口按钮。打开"对象捕捉"，捕捉标题栏上的左上交点和内框线的右上交点。视口就好像相机的凸透镜一样，可以将模型空间的线条放大和缩小到图纸上。在创建的视口内双击，视口线变宽了，透过视口可以看到模型空间所绘制的图形，通过鼠标将支架轮廓移动到视口中央，将视口比例调整为 1:2（图 10-15）。

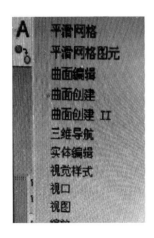

图 10-13　视口工具栏的设置　　　　　　　图 10-14　视口工具栏

图 10-15　视口比例调整效果

（3）完成出图比例的调整工作后，需要完成标注。在视口外双击，让视口线变成细实线，回到布局空间。采用 GB 文字样式和标注样式，标注字体的大小设置为 3.5。在布局空间标注如同在纸上标注，字体的大小打印到纸上时仍为 3.5。标注完成后，选择"文件"→"打印"，弹出打印-布局窗口（图 10-16），单击"确定"，指定保存位置。

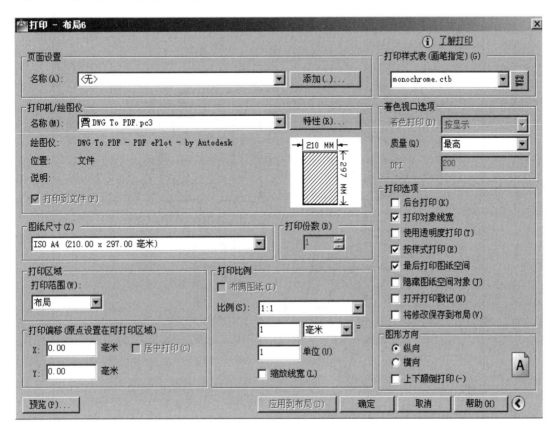

图 10-16　打印-布局窗口

10.2.3　小结

模型空间出图符合设计师绘图、标注、打印的惯性思维，但比例不是很准确，而且需要将标注样式进行替代。布局空间给出了更精确的出图方案，但需要在完成轮廓后设置布局空间参数，然后在布局空间进行标注。同时，布局空间针对一张图纸上有多个不同比例图形更具优势，在布局空间开设多个视口，但视口不能有交叉，分别调整各个视口需要的比例即可完成。当视口线不能和图纸的边框线重合时，需要设置一个不可以打印的图层，然后采用这个图层绘制视口，这样视口就不会打印到图纸上了。

10.3　实训项目

（1）在模型空间完成图 10-17 所示拨叉零件绘制及输出，图幅为 A4，比例为 1:1。

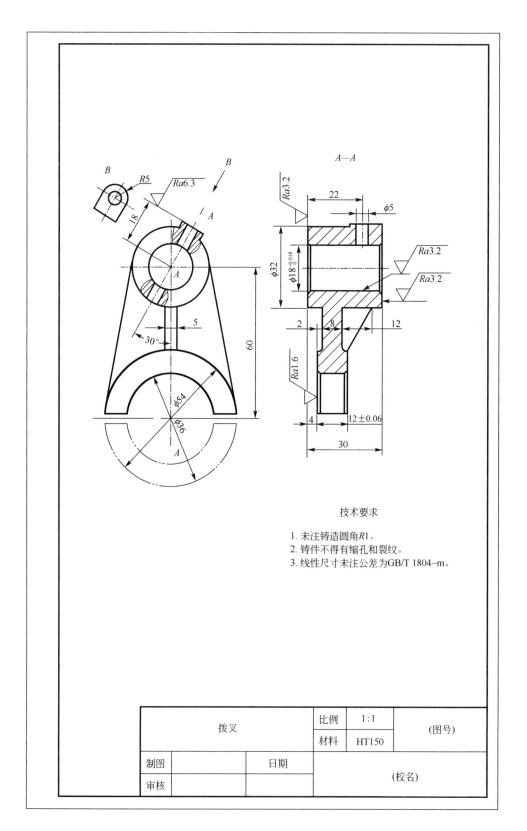

图 10-17 拨叉零件图

（2）在图纸空间完成图 10-18 所示支架零件绘制及输出，图幅为 A4，比例为 1:2。

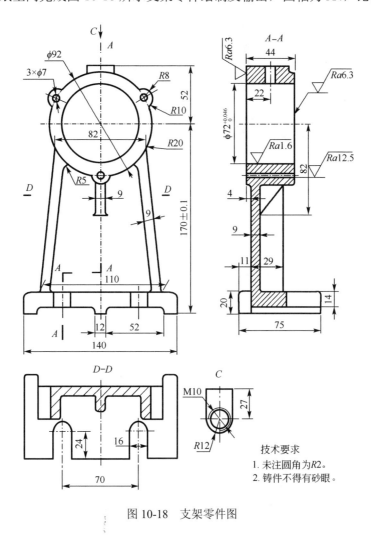

图 10-18　支架零件图

第11章
装配图

项目导读

装配图是用来表达机器的工作原理、结构性能和各零件间装配连接关系的技术图样。在机器的设计、装配、调试、检验、使用和维修过程中都要用到装配图。装配图反映出设计者的意图，表达出机器的工作原理、性能要求、零件间的装配关系和零件的主要结构形状以及在装配、检验、安装时所需要的尺寸数据和技术要求。装配图也是生产中的重要技术文件。

项目学习目标

➤ 了解装配图的作用与内容。
➤ 掌握装配图的表达方式。
➤ 掌握装配图的绘图方法与技巧。

11.1 机械制图基础理论

11.1.1 装配图的内容

装配图是机器设计及生产的重要技术文件，是设计师表达设计思想的重要载体。装配图由以下四部分组成。

（1）一组图形 选用一组适当的视图、剖视图、断面图等图形，用一般表达方法和特殊表达方法表达机器的工作原理、零件之间的装配关系和零件的主要结构形状。

（2）必要的尺寸 根据装配、检验、安装和使用机器的需要，在装配图中标注出机器的性能规格尺寸、外形尺寸、装配尺寸（配合关系）、安装尺寸及机器在设计时所确定的重要尺寸。

（3）技术要求 用文字说明机器在装配、调试、安装和使用过程等方面的技术要求。

（4）零件序号及明细表和标题栏 为了便于生产管理，装配图中必须对每种零件进行编号，在零件可见轮廓处画一黑点，然后用细实线做指引线，指引线不能相互交叉并按顺时针或逆时针方向编号，装配图中标准化组件可看成整体只编一个号。在明细表中按编号填写零件的名称、材料、数量、标准件的规格尺寸。明细表位于标题栏上方，自下而上按编号排列，位置不够时可放在标题栏左侧。在标题栏中填写机器名称、材料、比例、图号以及制图、审核人员的责任签字等。

11.1.2　装配图的特殊表达方法

为了方便实现装配图的功用，绘制装配图时需要灵活应用以下特殊表达方法：

（1）沿零件的结合面剖切和拆卸画法　在装配图中，当某些零件遮住了需要表达的结构时，可沿某些零件的结合面剖切。为了清楚地表达零件内部结构或遮挡部分的结构形状，可假想沿两个零件的结合面剖开，拆去一个或几个零件，只画出所要表达部分的视图，零件的结合面不画剖面线，其他被剖到的零件要画剖面线，并需加注"拆去××"。

（2）假想画法　为了表达与本部件有装配关系但不属于本部件的其他相邻零部件，国家标准规定采用细双点画线绘制相关零部件。对于有极限运动位置的零件，也需用细双点画线绘制出极限位置。

（3）展开画法　在一些传动系统中，为了表达某些重叠位置的装配关系，国家标准规定可将其空间结构按顺序展开在一个平面上，来表达其传动顺序。

（4）夸大画法　对于薄片零件、细丝弹簧和微小间隙等结构，在装配图中并未按其实际尺寸画法，而是采用夸大画法画出。

（5）规定画法　两个零件接触面或配合面应只画一条线，不接触或不配合的表面应绘制两条线；为了区别不同零件，相邻两金属零件的剖面线倾斜方向应相反；当三个零件相邻时，其中两个零件的剖面线倾斜方向一致，但要间隔不相等。在各视图中，同一零件的剖面线倾斜方向和间隔应一致；为了简化作图，在剖视图中，对一些实心杆件（如轴、连杆）和一些标准件（如螺栓、螺母、垫圈、键、销等），若剖切平面通过其轴线或对称平面剖切这些零件时，这些零件按不剖画。

11.1.3　装配图的绘制方法

画装配图与画零件图一样，首先确定表达方案，考虑选用哪一种表达方法能较好地反映出部件间的装配关系、工作原理和主要零件的结构形状。首先确定部件的安放位置并选择合理的投影方向确定主视图，主视图应该是最能清楚反映工作原理及零部件关系的视图，然后选择其他视图，其他视图能反映其他零件间的装配关系、外形及局部结构的视图。

装配图的绘制方法有三种，分别是直接绘制法、零件插入法、零件图块插入法。直接绘制法适于绘制比较简单的装配图。零件插入法是指首先绘制出装配图中的各种零件，然后选择其中的一个主体零件，将其他各零件依次通过复制（Ctrl+C）、粘贴(Ctrl+V)、修剪等命令插入主体零件中，或在设计中来完成复制、粘贴命令。零件图块插入法是指将各种零件均存储为图块，然后以插入图块的方法来装配零件以绘制装配图。

11.2　案例分析

零件插入法主要采用将零件图复制、粘贴的方法拼装装配图，现以球阀为例分析一下装配图的绘制。球阀主要由阀体、阀盖、密封圈、阀芯、填料、填料压紧套、阀杆、扳手、螺柱、螺母等零件组成。球阀的装配图如图 11-1 所示。

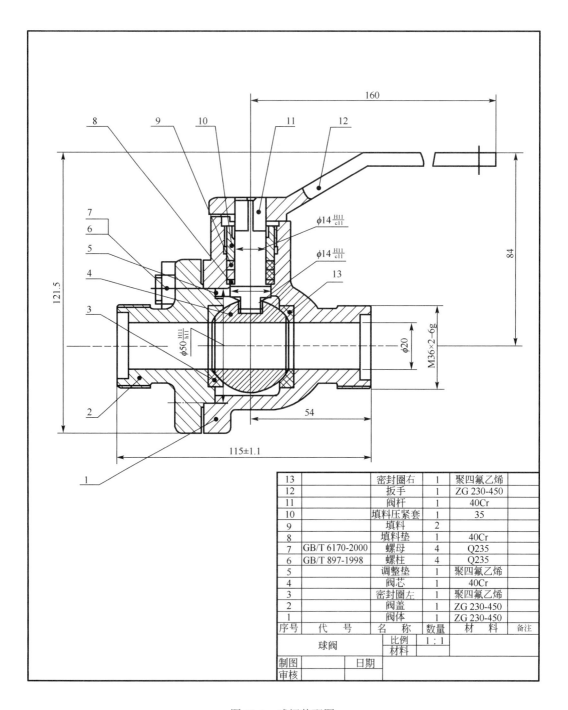

13		密封圈右	1	聚四氟乙烯	
12		扳手	1	ZG 230-450	
11		阀杆	1	40Cr	
10		填料压紧套	1	35	
9		填料	2		
8		填料垫	1	40Cr	
7	GB/T 6170-2000	螺母	4	Q235	
6	GB/T 897-1998	螺柱	4	Q235	
5		调整垫	1	聚四氟乙烯	
4		阀芯	1	40Cr	
3		密封圈左	1	聚四氟乙烯	
2		阀盖	1	ZG 230-450	
1		阀体	1	ZG 230-450	
序号	代　号	名　称	数量	材　料	备注
球阀		比例	1：1		
		材料			
制图		日期			
审核					

图 11-1　球阀装配图

（1）打开阀体零件图 11-2，删除标注、标题栏、俯视图及左视图。

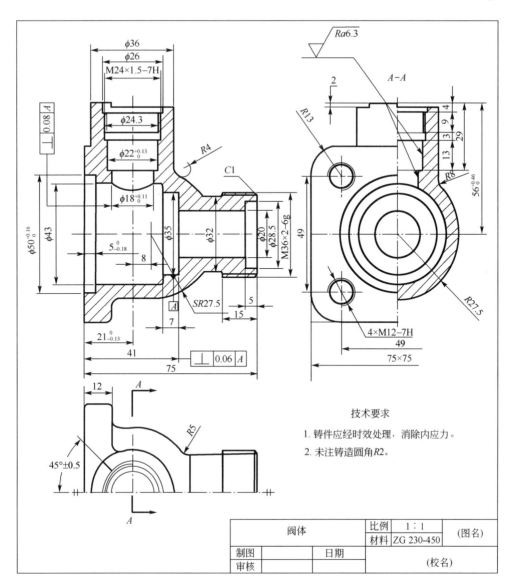

图 11-2　阀体零件图

（2）打开密封圈右零件图 11-3，隐藏标注层。采用 Ctrl+C 复制密封圈零件图，然后采用 Ctrl+V 命令将密封圈右复制到阀体的文件中（注意先把复制过来的零件放在主零件阀体附近）。然后采用复制命令进行装配，指定 O 点为基点，移动到阀体水平和铅垂线的交点处。

（3）打开阀芯零件图 11-4，隐藏标注层。采用 Ctrl+C 复制阀芯零件图，然后采用 Ctrl+V 命令将阀芯复制到阀体的文件中（注意先把复制过来的零件放在主零件阀体附近）。然后采用复制命令进行装配，指定球心点为基点，目标点为密封圈的球心点 O。根据零件的可见性，删除不可见的线条如装配图 11-1 所示。

（4）打开密封圈左零件图 11-5，删除标注、标题栏。采用 Ctrl+C 复制密封圈左零件图，

Ctrl+V 命令将密封圈左复制到阀体的文件中（注意先把复制过来的零件放在主零件阀体附近）。然后采用复制命令进行装配，指定球心点为基点，目标点为阀芯水平中心线与铅垂线的交点。根据零件的可见性，删除不可见的线条如装配图 11-1 所示。

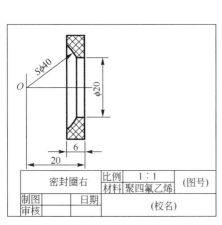

图 11-3　密封圈右零件图

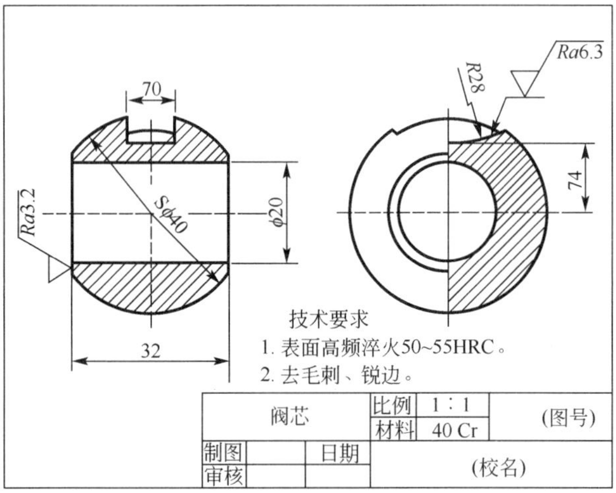

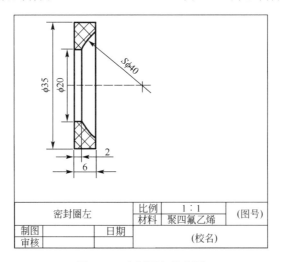

图 11-4　阀芯零件图

图 11-5　密封圈左零件图

（5）打开阀盖零件图 11-6。采用 Ctrl+C 复制阀盖零件图，然后采用 Ctrl+V 命令将阀盖复制到阀体的文件中。隐藏标注层，采用复制命令，指定 B 点为基点，复制目标点为密封环 1 的左上交点。按照简化画法绘制双头螺柱及螺母，根据零件轮廓可见性修改多余线条如图 11-1 所示。

（6）打开阀杆零件图 11-7。采用 Ctrl+C 复制阀杆零件图，然后采用 Ctrl+V 命令将阀杆复制到阀体的文件中（注意先把复制过来的零件放在主零件阀体附近）。隐藏标注层，用旋转命令将阀杆旋转–90°，然后采用复制命令，指定 C 点为基点，复制目标点为阀芯 R28 的最低点处。根据零件轮廓可见性修改多余线条如图 11-1 所示。

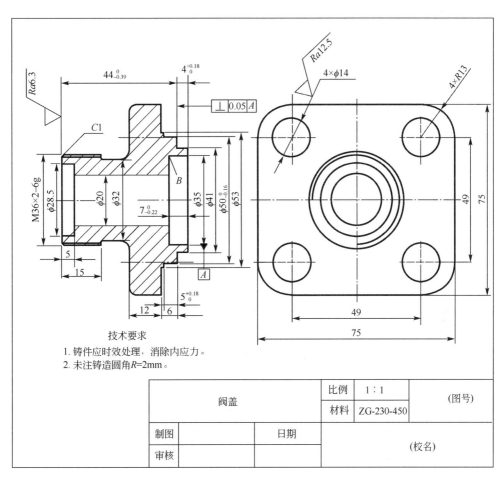

技术要求
1. 铸件应时效处理，消除内应力。
2. 未注铸造圆角R=2mm。

阀盖	比例	1∶1	(图号)
	材料	ZG-230-450	
制图		日期	(校名)
审核			

图 11-6　阀盖零件图

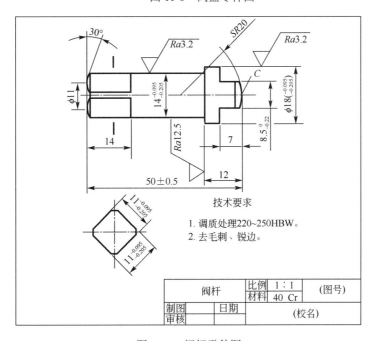

技术要求
1. 调质处理220~250HBW。
2. 去毛刺、锐边。

阀杆	比例	1∶1	(图号)
	材料	40 Cr	
制图		日期	(校名)
审核			

图 11-7　阀杆零件图

（7）打开填料垫零件图 11-8。采用 Ctrl+C 复制填料垫零件图，然后采用 Ctrl+V 命令复制到阀体的文件中（注意先把复制过来的零件放在主零件阀体附近）。隐藏标注层，采用复制命令，指定 E 点为基点，复制目标点为阀体 $\phi22$ 直径处右下点。采用同样的方法装配第二个填料垫。根据零件轮廓可见性修改多余线条如图 11-1 所示。

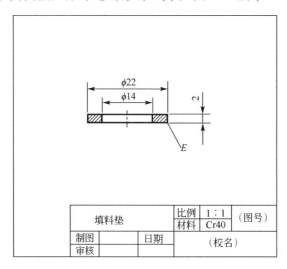

图 11-8　填料垫

（8）打开填料压紧块零件图 11-9。采用 Ctrl+C 复制压紧块零件图，然后采用 Ctrl+V 命令复制到阀体的文件中（注意先把复制过来的零件放在主零件阀体附近）。隐藏标注层，将压紧块修改为全剖视图，然后采用旋转命令将压紧块旋转 90°。采用复制命令，指定 D 点为基点，复制目标点为填料右上交点。在内螺纹旋合处按外螺纹修改，剖面线绘制到粗实线处，然后根据零件轮廓可见性修改多余线条如图 11-1 所示。

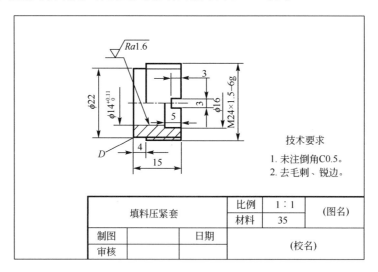

图 11-9　填料压紧块

（9）打开零件图 11-10 扳手。采用 Ctrl+C 复制压紧块零件图，然后采用 Ctrl+V 命令复制到阀体的文件中（注意先把复制过来的零件放在主零件阀体附近）。隐藏标注层后采用复制命令，指定 F 点为基点，复制主视图到目标点为阀体上表面与阀芯右侧交点处。根据零件轮廓可见性修改多余线条如图 11-1 所示。

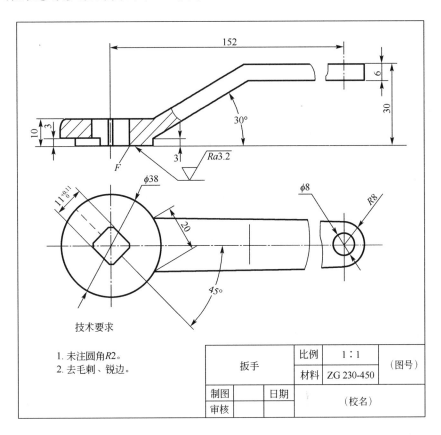

图 11-10　扳手零件图

（10）插入标题栏块，编辑图样名称为球阀，填写比例为 1:1，书写设计者姓名、日期等信息。采用 qleader 命令绘制序号指引线，输入 S 设置其属性。如图 11-11 所示，首先打开"箭头"下拉列表，将箭头形式改为点，"注释类型"设置为多行文字，文字位置为"最后一行加下划线"。然后依次标注零件指引线和序号数字，注意按逆时针方向从小到大标注，序号数字的字号比尺寸标注数字大一号。然后按照企业明细表尺寸绘制明细表，明细表两侧的直线用粗实线，其余用细实线，从下往上依次书写零件编号、名称、数量、材料等信息。

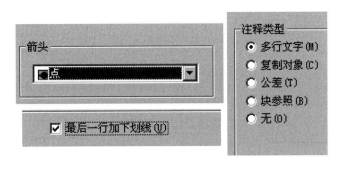

图 11-11　多重引线设置情况

11.3 实训项目

（1）螺纹千斤顶由底座、螺套、螺纹杆、铰杆、顶垫五个零件组成，其零件图及装配图如图 11-12～图 11-17 所示，根据工作原理拼装螺纹千斤顶。

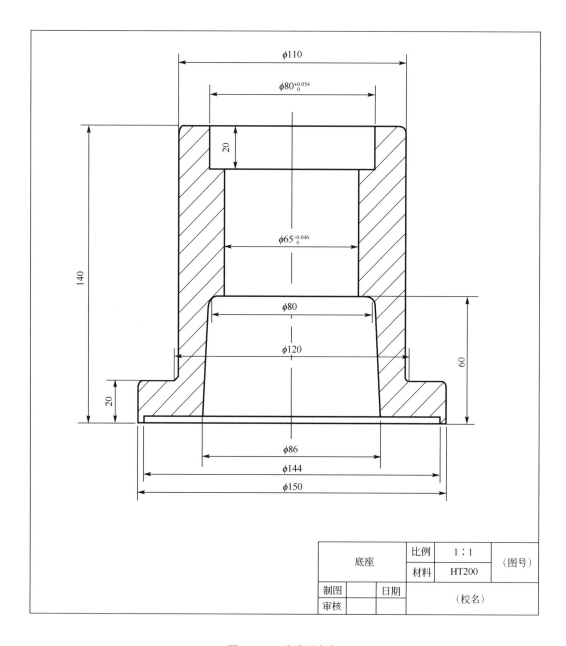

图 11-12　千斤顶底座

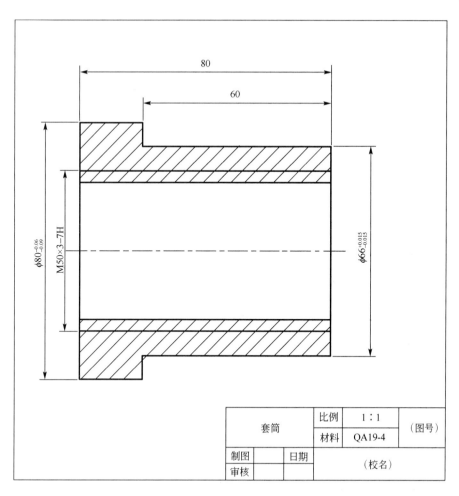

图 11-13　千斤顶螺套

套筒	比例	1∶1	（图号）
	材料	QA19-4	
制图		日期	（校名）
审核			

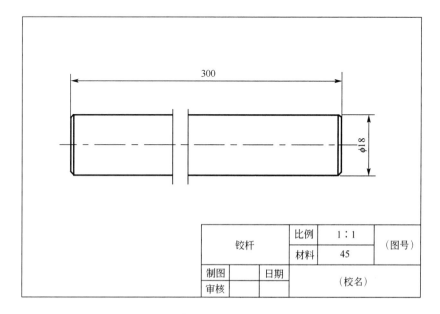

图 11-14　千斤顶铰杆

铰杆	比例	1∶1	（图号）
	材料	45	
制图		日期	（校名）
审核			

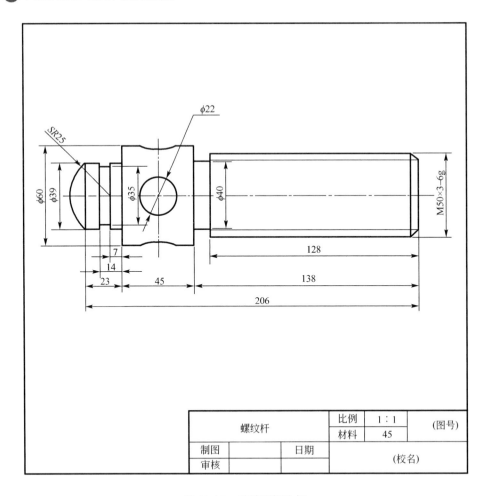

图 11-15　千斤顶螺纹杆

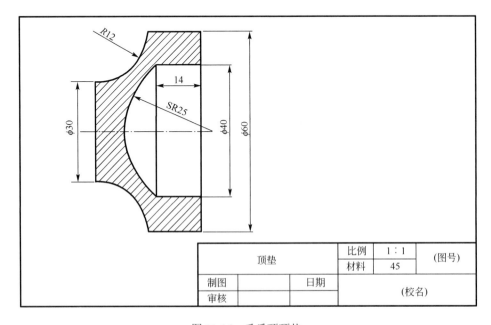

图 11-16　千斤顶顶垫

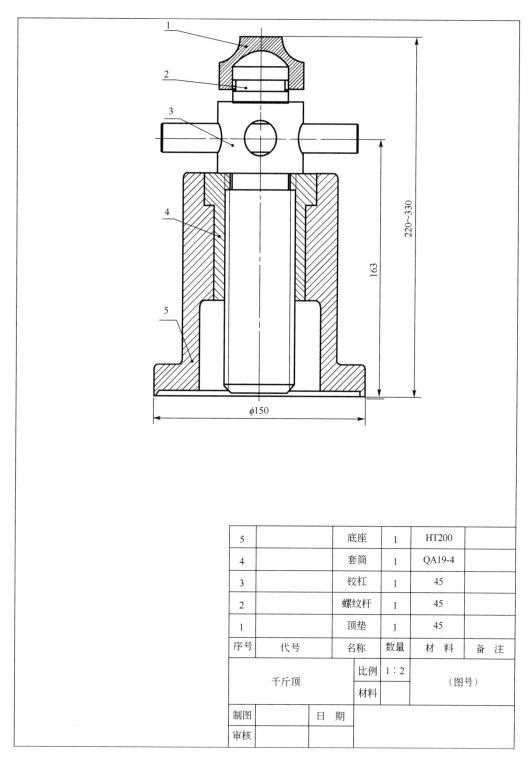

图 11-17　千斤顶装配图

5		底座	1	HT200	
4		套筒	1	QA19-4	
3		铰杠	1	45	
2		螺纹杆	1	45	
1		顶垫	1	45	
序号	代号	名称	数量	材　料	备　注

千斤顶		比例	1：2	（图号）
		材料		
制图		日　期		
审核				

（2）读泄气阀装配图（图 11-18），用适当的表达方法拆画阀杆套零件图，要求在零件图上标注配合尺寸公差，标注 $\phi6$ 孔内表面粗糙度值。

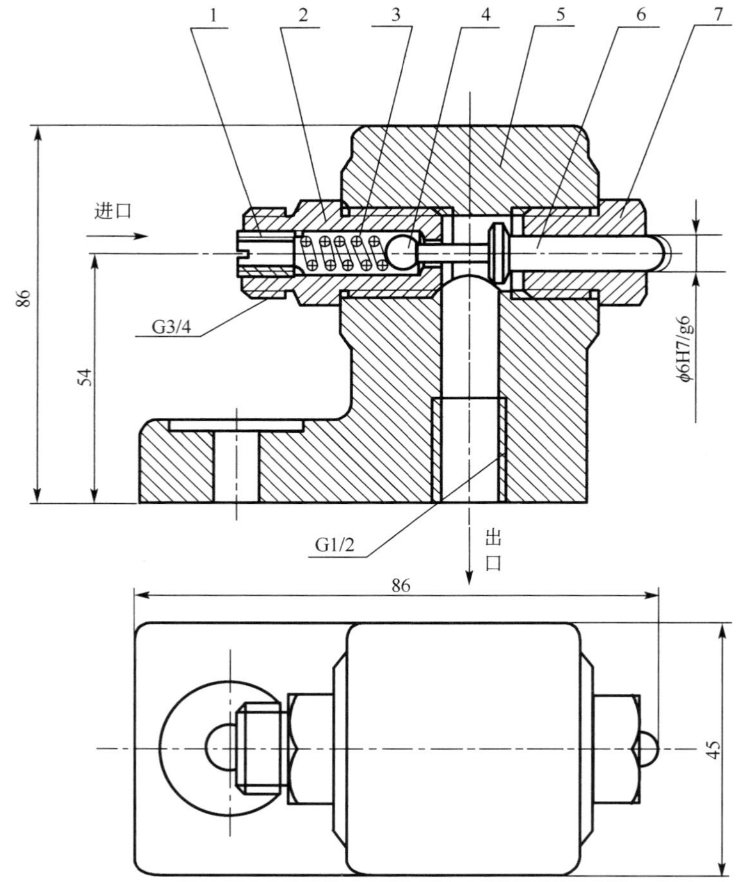

工作原理：推动阀杆6，顶起钢球4打开或关闭阀口，从而达到泄气目的。
看懂泄气阀的装配图后，按要求完成以下零件图。
1. 用适当的表达方法拆画阀杆套的零件图；
2. 要求在零件图上标注有配合要求的尺寸公差，并注出 φ6 内表面的粗糙
度，该表面的 Ra 上限值为6.3μm。

7		阀杆套		35	
6		阀杆		35	
5		阀座	1	HT250	
4		钢球	1	45	
3		弹簧	1	55Si2Mn	
2		阀套	1	Q235A	
1		调整螺套	1	Q235A	
序号	代 号	名 称	数量	材 料	备 注

泄气阀 比例 1：1 材料 （图号）（校名）

制图 日 期
审核

φ6H7/g6 G1/2 G3/4 出口 进口 86 86 54 45

图11-18 泄气阀装配图

（3）根据已有零件图，设计必要密封元件（图 11-19～图 11-21），完成阀类装配图设计（图 11-22）。

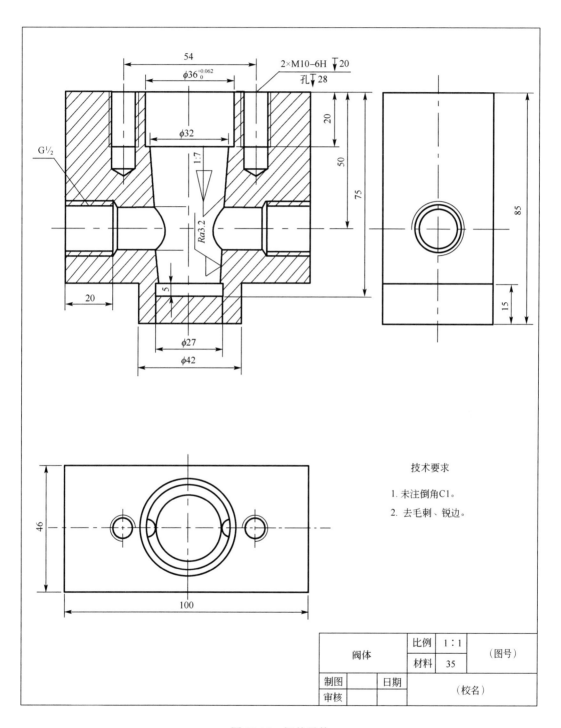

技术要求

1. 未注倒角C1。
2. 去毛刺、锐边。

阀体	比例	1：1	（图号）
	材料	35	
制图		日期	
审核			（校名）

图 11-19　阀体零件

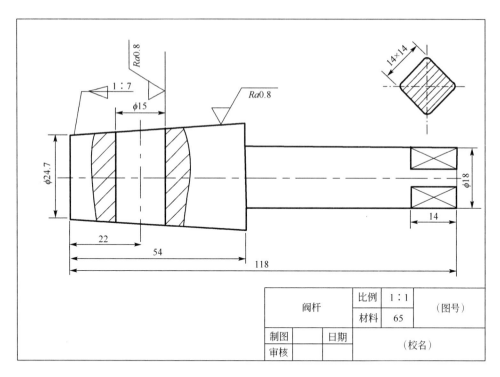

图 11-20 阀杆零件

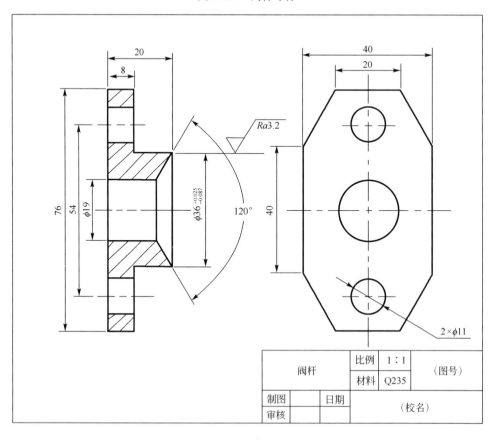

图 11-21 填料压盖

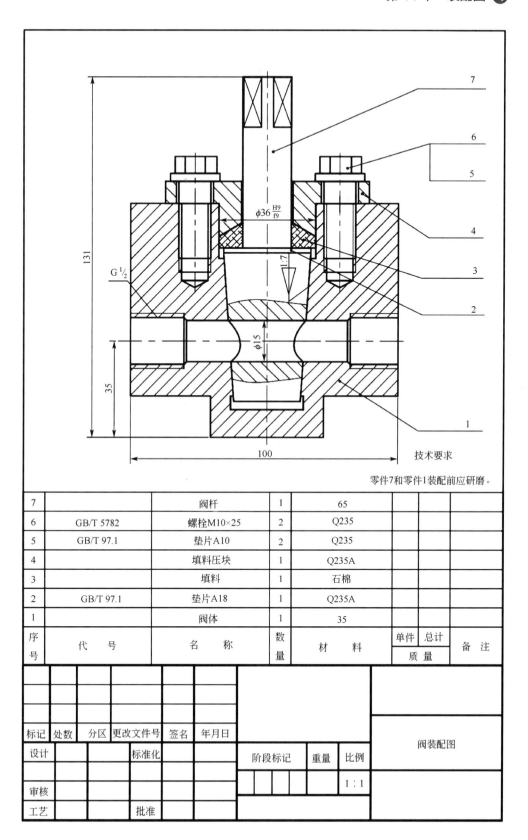

7		阀杆	1	65		
6	GB/T 5782	螺栓M10×25	2	Q235		
5	GB/T 97.1	垫片A10	2	Q235		
4		填料压块	1	Q235A		
3		填料	1	石棉		
2	GB/T 97.1	垫片A18	1	Q235A		
1		阀体	1	35		
序号	代 号	名 称	数量	材 料	单件 质量 / 总计 质量	备 注

技术要求

零件7和零件1装配前应研磨。

标记	处数	分区	更改文件号	签名	年月日		阀装配图			
设计			标准化						
						阶段标记	重量	比例	
审核								1:1	
工艺			批准						

图 11-22 G1/2 阀装配图

（4）根据钻模装配图（图 11-23）拆画轴及底座零件图（图 11-24、图 11-25）。

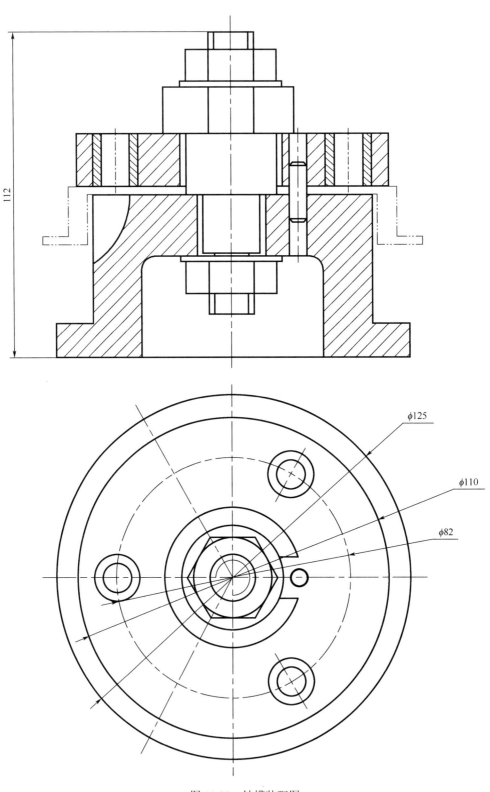

图 11-23　钻模装配图

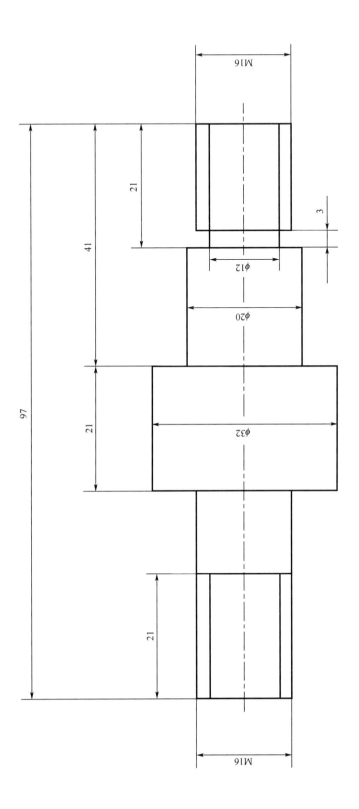

图11-24 钻模轴

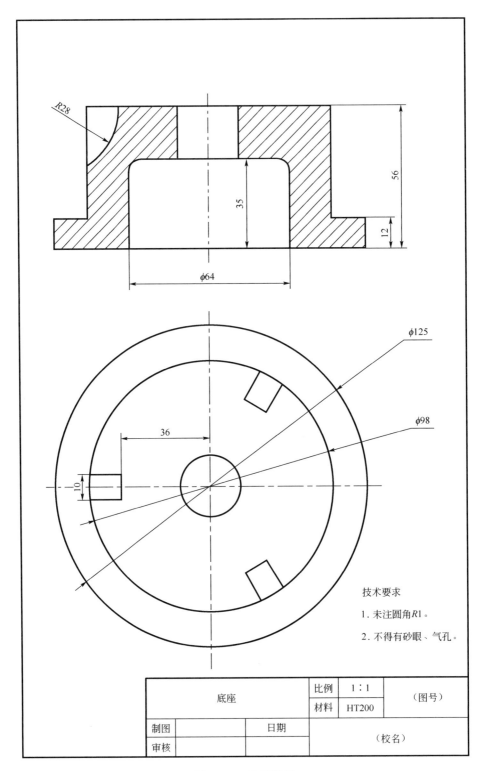

图 11-25　钻模底座

参 考 文 献

[1] 何铭新，强可强，徐祖茂. 机械制图[M]. 北京：机械工业出版社，2016.

[2] 王艳. AutoCAD 2007 机械制图基础教程[M]. 长沙：国防科技大学出版社，2008.

[3] 季阳萍，吕安吉. AutoCAD 2009 实用教程[M]. 北京：化学工业出版社，2009.

[4] 王燕，战淑红，张敏. 机械制图[M]. 吉林：吉林大学出版社，2016.

[5] 李济群. AutoCAD 机械制图基础教程[M]. 北京：清华大学出版社，2011.

[6] 叶林. 工程图学基础教程[M]. 北京：机械工业出版社，2013.

[7] 陶冶等. 全国大学生先进成图技术与产品信息建模创新大赛命题解答汇编[M]. 北京：中国农业大学出版社，2018.

[8] 王彦华. 机械制图[M]. 北京：化学工业出版社，2016.

[9] 蒋清平. 中文版 AutoCAD 2016 机械制图实训教程[M]. 北京：人民邮电出版社，2016.

[10] 刘瑞新. AutoCAD 2012 中文版机械制图教程[M]. 北京：机械工业出版社，2015.

[11] 尹保健. AutoCAD 软件图形打印技巧[J]. 机械工程师，2015（2）：98

[12] 尹保健. 应用型高校《计算机辅助设计 CAD》课程教学改革探讨[J]. 才智，2014（12）：280

[13] 尹保健. AutoCAD 精确绘图在求解定位误差中的应用[J]. 品牌，2014（11）：174